宇宙那些重要的事

蒋庆利　主编

为儿童量身打造的宇宙探索百科

神秘的宇宙

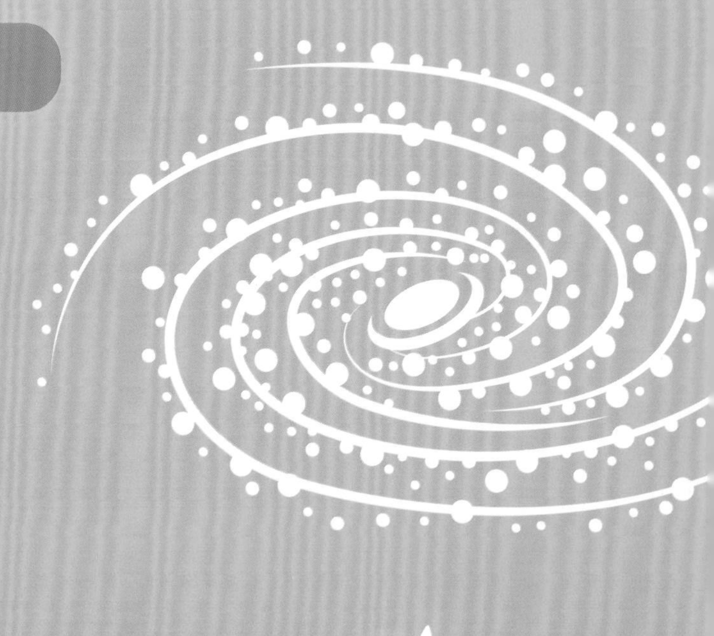

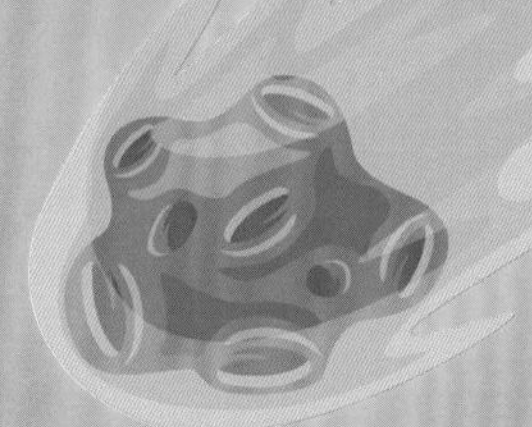

星系和星云

明亮的恒星

运转的行星

人类家园

向宇宙进发

神秘的宇宙

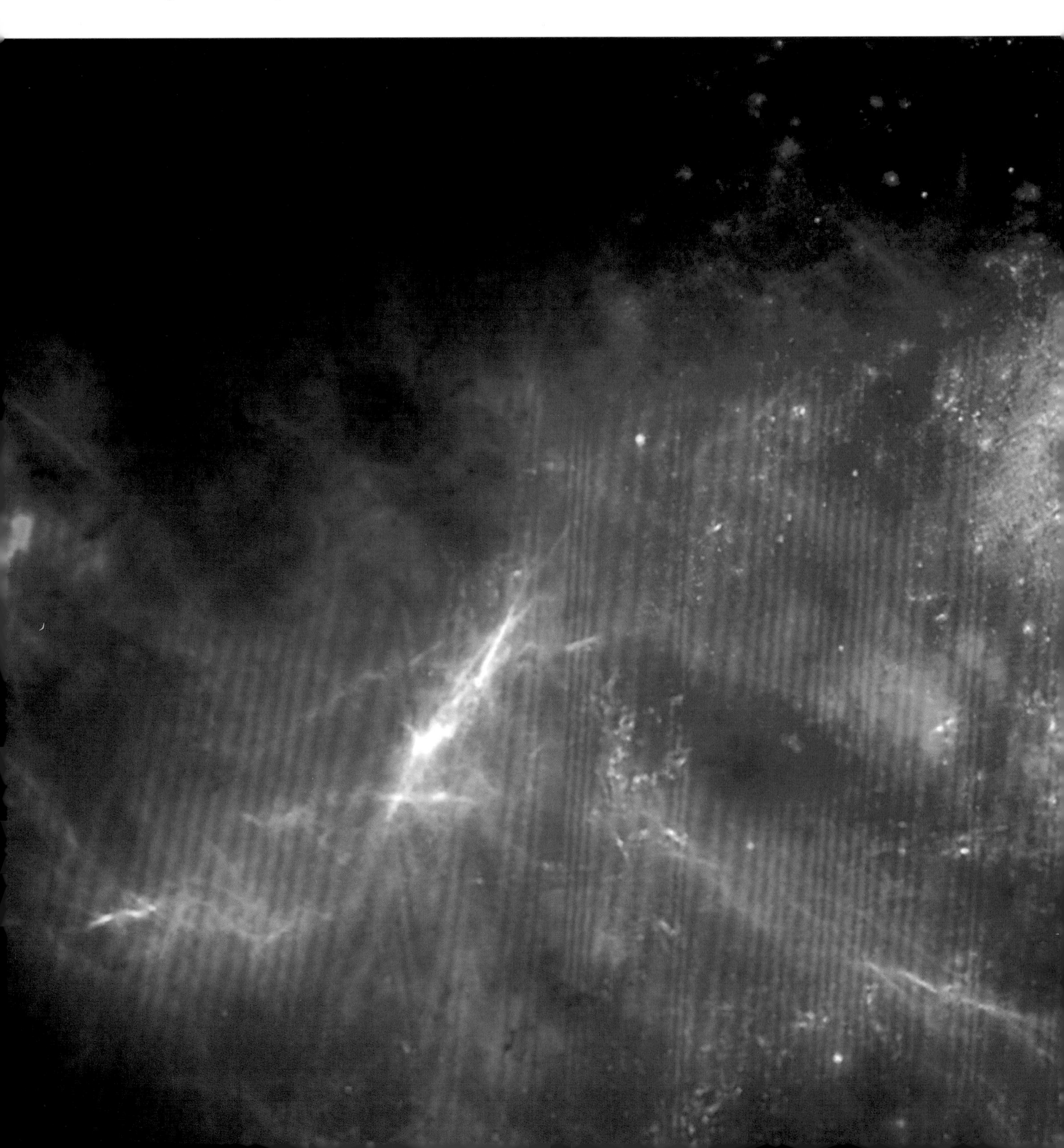

当我们仰望夜空时，我们能看到什么？皎洁的月亮，一闪一闪的星星……我们能看到的部分是宇宙的全部吗？宇宙到底是什么样子的？让我们一起来探索神秘的宇宙吧！

什么是宇宙

宇宙是由空间、时间、物质和能量构成的统一体。宇宙中有各种天体、射线等物质。我们夜晚看到的星星就是宇宙中的一部分天体。这些能被肉眼看到的天体，绝大部分是恒星。

光年

光年是光一年所走的距离，它不是时间单位，而是长度单位。光一秒可以走 30 万千米，一年可以走 94605 亿千米。

我们通常以光年为单位记录天体间的距离。例如，从地球到银河系中心的距离大约为 2.6 万光年。

宇宙大约有 138 亿岁了。

宇宙的形状

那么宇宙到底是什么形状的呢？有理论认为，宇宙像一个气球，我们生活在“气球”的表面。另一种理论认为，宇宙可能是平坦的。

宇宙并不平静

宇宙中的物质都在运动，它们之间难免会发生碰撞。陨石经常会撞击星球，很多星球上都有陨石坑。

地球上也有陨石坑

未知的宇宙

人类可探测的宇宙物质能量只有5%左右，还存在大量我们无法直接探测到的暗物质、暗能量。宇宙是未知的、充满无限可能的。

平行宇宙

有人认为，除了我们所在的宇宙，还有其他宇宙，这些宇宙叫作平行宇宙。

宇宙的起源

宇宙的起源是一个很复杂的问题。很多人认为，宇宙起源于一次大爆炸。

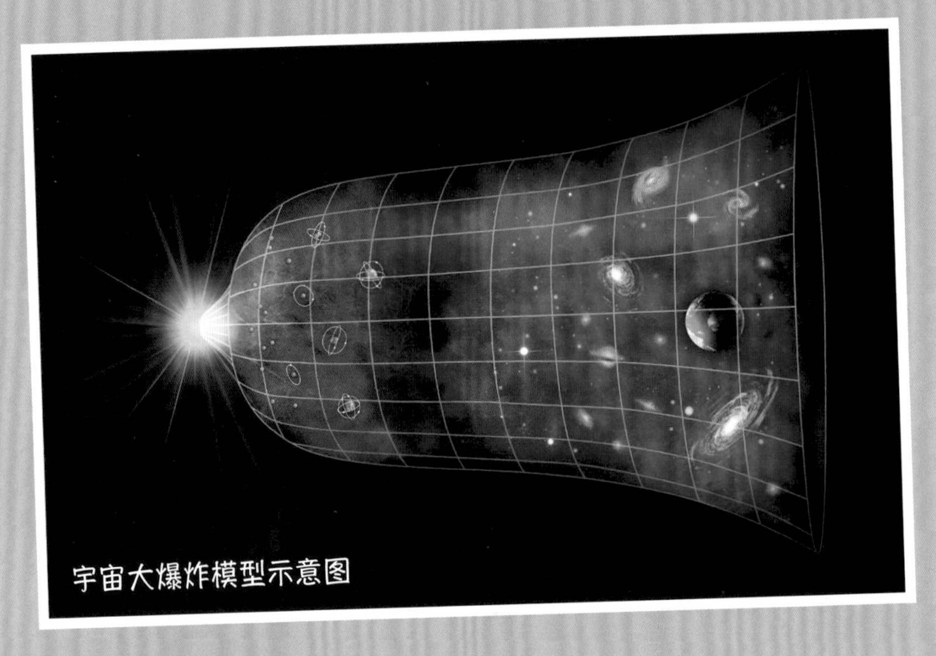

宇宙大爆炸模型示意图

宇宙大爆炸

宇宙大爆炸并不是真的爆炸，而是指宇宙由一个密度极大、温度极高的原始状态，不断膨胀、繁衍。

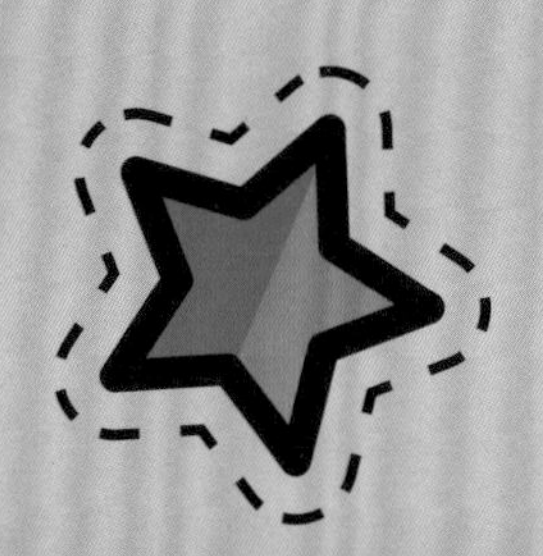

宇宙大爆炸模型能说明一些观测事实：

①宇宙在大爆炸后温度下降，产生恒星。

②宇宙中各个星系之间的距离在增大。

③爆炸早期温度高，容易产生氦，各种天体氦的含量都很高。

④如今的宇宙温度跟早期相比非常低。

宇宙大爆炸学说是由美国物理学家、宇宙学家乔治·伽莫夫在 1948 年正式提出的。

宇宙永恒说

提出宇宙永恒说的科学家认为，宇宙是比较稳定的。一些天体消失，就一定会有新的天体出现。

宇宙的未来

宇宙学家认为宇宙可能有两种未来：一是宇宙膨胀到最大体积，开始坍缩，一直坍缩到大爆炸开始前的状态。二是宇宙一直膨胀，不会停止。

膨胀的宇宙

1929 年，美国天文学家哈勃通过观测发现，星系之间在彼此互相远离，由此推断宇宙在不断膨胀。

如果把宇宙比作一个球，宇宙膨胀相当于球变大，球面上和球里面的物质之间距离都会逐渐变大。

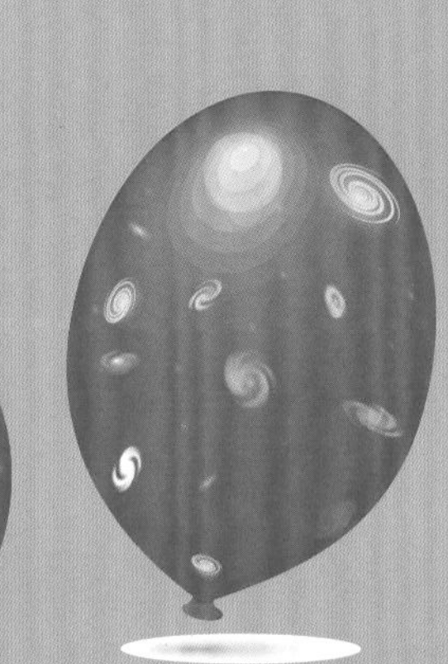

勒梅特还提出，现在的星系是宇宙蛋爆炸后的碎片。

宇宙蛋

比利时天文学家勒梅特在 1927 年提出与宇宙膨胀类似的学说。他认为，宇宙在膨胀，那么过去某一时刻宇宙是非常小的，他将这时的宇宙称为宇宙蛋。

相对论

根据爱因斯坦的相对论，可以得出这样的结论：星系处在膨胀的空间中，本身不运动，而是空间在膨胀。

宇宙膨胀的速度大于光速。一些星系在以大于光速的速度远离我们。正因如此，一些遥远的星系可能永远不会被我们观测到。

宇宙中的天体

宇宙间的物质称为天体。各种星体、星云，还有弥散的星际气体和星际尘埃，都是天体。太空中人类制造发射的各种飞行器、探测器，叫作人造天体。

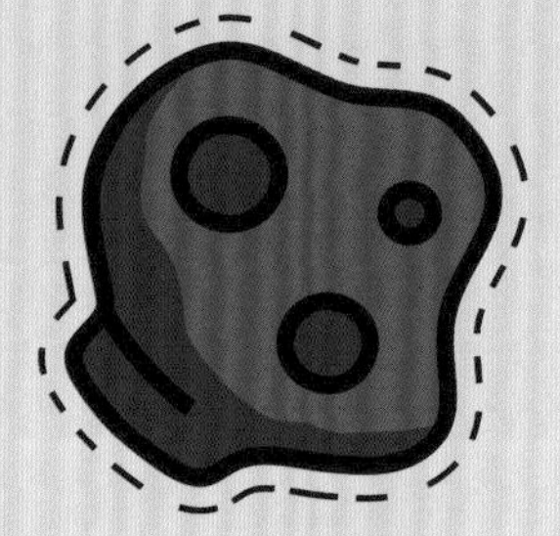

天体系统

以地球所在的系统来讲，天体系统从大到小可以分为以下几类：总星系—银河系—太阳系—地月系

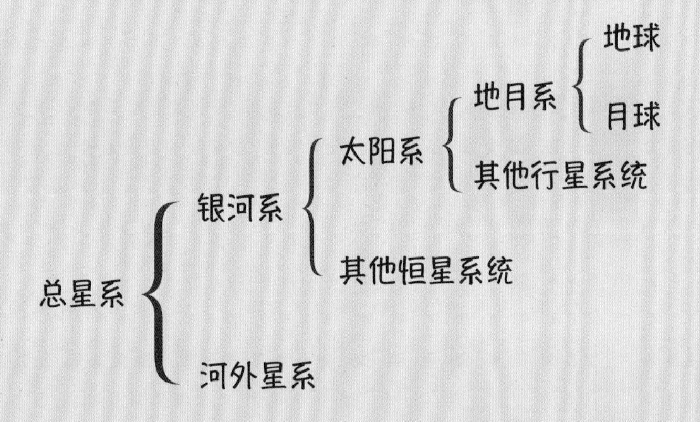

如何判断某一物质是不是天体？

①宇宙中的物质是天体。一些星际物质无法被看见，但它们也是天体。

②天体的某一部分不能叫天体。例如星球上的一块石头，就不是天体。

③地球大气层内的物质不是天体，地球大气层外的物质才算天体。

宇宙中有很多星系，我们所处的银河系就是其中之一。

一些星系由于引力的束缚，组成了庞大的、美丽的星系团。

会发光发热的恒星，是一种数量众多的天体。

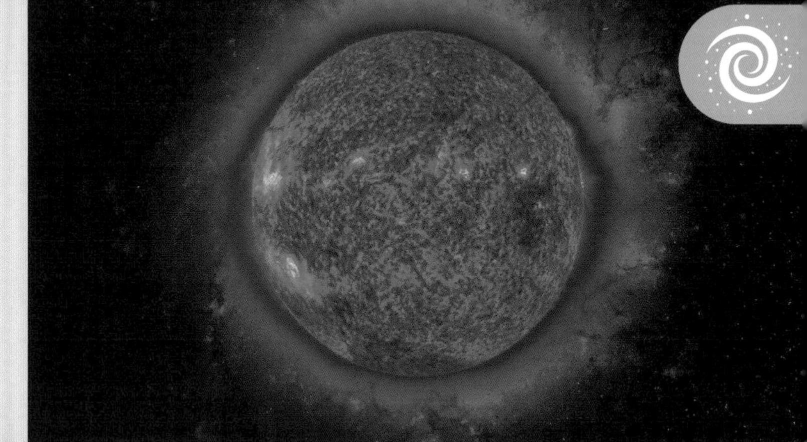

行星是一种自己不会发光，围绕着恒星运动的天体。

卫星是围绕行星运动的一类天体。

宇宙中除了有各种自然生成的天体之外，还有人类向太空发射的人造天体。

太阳系

以太阳为中心，太阳和受到太阳引力约束的所有天体构成了太阳系。

太阳系的形成

星云假说认为，太阳是由一块巨大的星云的一部分坍缩形成的。太阳周围的物质形成了行星和其他天体。

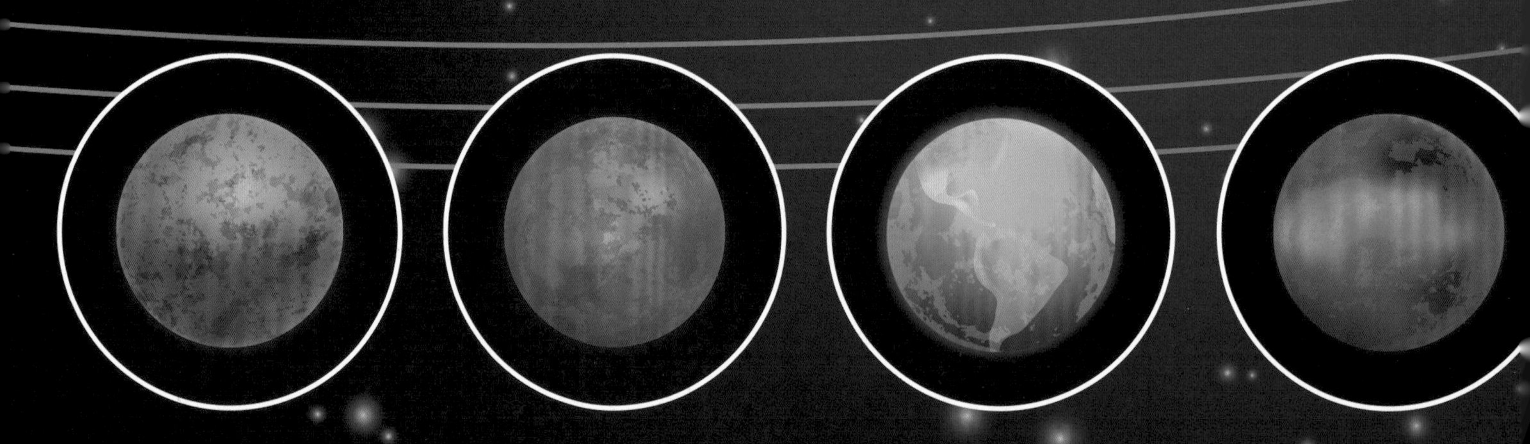

水星

在八大行星中，水星的体积和质量最小。

金星

金星又被称为“太白”“启明”或“长庚”。

地球

地球是一颗适宜人类居住的美丽的星球。

火星

火星是一颗橘红色的“沙漠星”。

小行星带

大量小行星受到木星的巨大引力，聚集在木星和火星的轨道之间，形成了一个小行星带。

环绕太阳运转的天体有八颗大行星，和数不清的太阳系小天体。

八大行星的轨道差不多位于同一平面上，它们围绕太阳公转的方向一致。

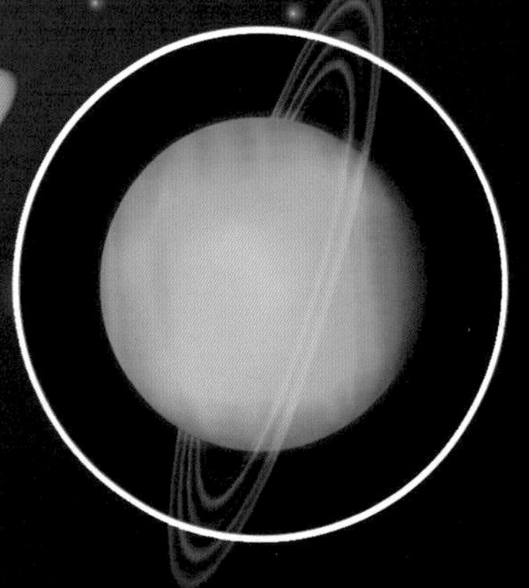

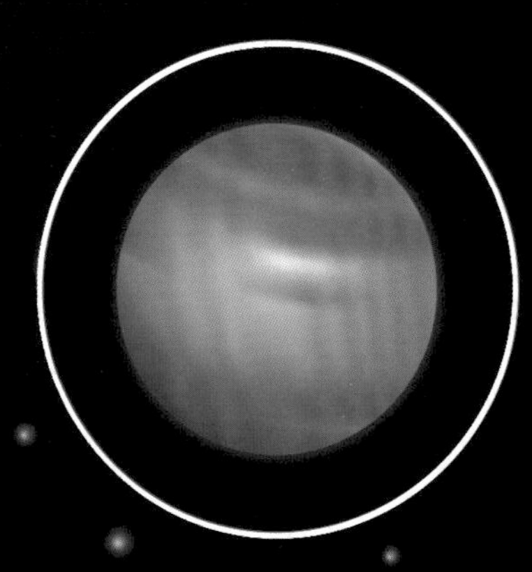

木星

木星是太阳系最大的一颗行星。

土星

土星的行星环是它的重要标志。

天王星

天王星几乎是“躺着”自转的。

海王星

海王星是八大行星中离太阳最远的。

黑洞

“黑洞”一词是美国天体物理学家约翰·惠勒在1967年提出来的。黑洞是一种引力很大的天体。黑洞无法反射光线，因此我们看不到它的存在。

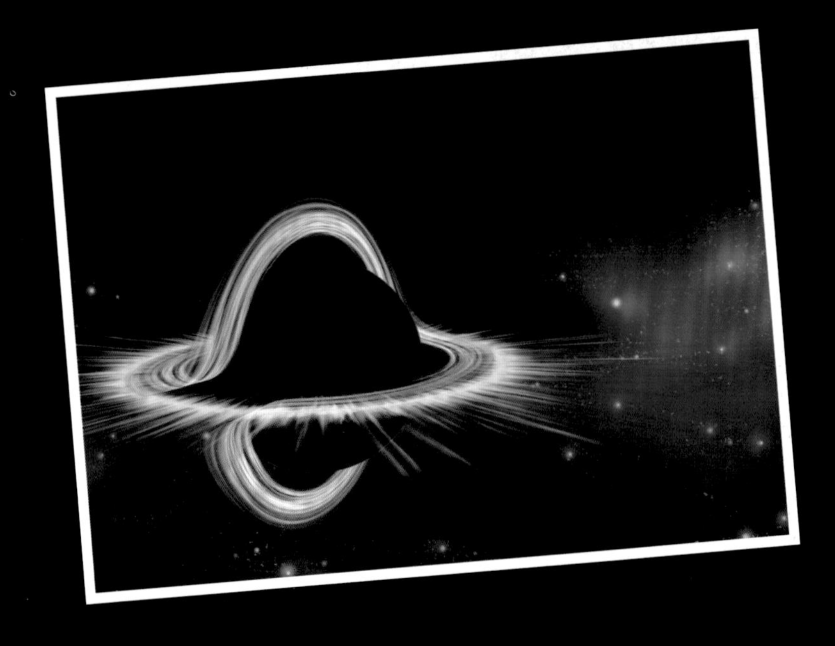

黑洞的产生

当一颗恒星濒临死亡时，它自身将会收缩聚集成一点。高质量、高密度使它引力非常大，能吸引靠近它的一切物体。它和它周围的一部分区域就成了黑洞。

我们可以用间接的方式得知黑洞的存在，还可以算出它的质量，了解它对周围物质的影响。

靠近黑洞的物质都会被吸进去，连光也逃不掉。

英国科学家霍金证明，黑洞是有温度的。黑洞的质量越小温度越高，质量越大温度越低。

黑洞是有边界的。外面的物质可以进入黑洞，黑洞里面的物质却出不来！

卫星

卫星是按闭合轨道周期性地围绕行星运行的天然天体。

卫星的特点

卫星本身不会发光；卫星环绕着行星运动；卫星随行星绕恒星运动。

人造卫星是人类制造并发送到太空，围绕着行星运行的航天器。人造卫星的应用非常广泛。

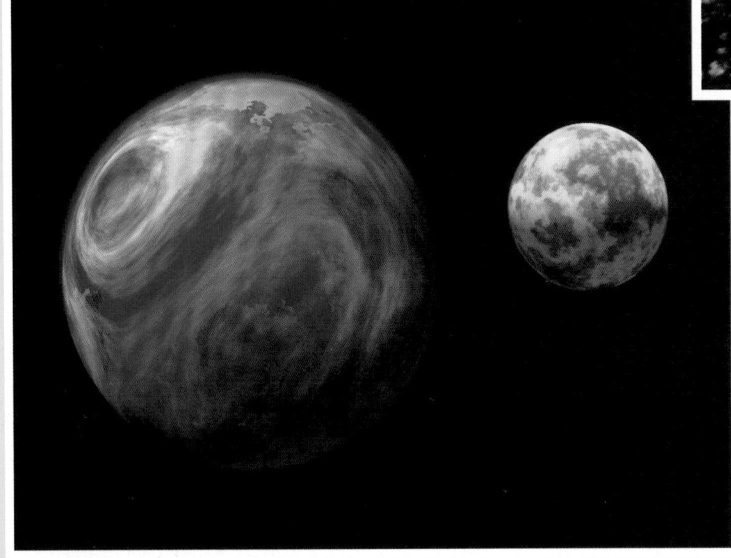

月球是太阳系第五大的卫星。

气体行星的卫星一般都比较多。例如木星和土星，都有几十颗卫星。

木星和它的卫星（从左至右依次为木卫二、木卫一、木卫三、木卫四）。这四颗卫星都是由伽利略发现的。

土星的卫星土卫二。

木卫三
木卫四
木卫一
木卫二
海卫三 海卫八 海卫一

天然卫星的大小差别很大。

月球

月球是地球的卫星，也是地球唯一的天然卫星。

月陆和月海

从地球上可见月球表面有明亮的地方和阴暗的地方。明亮的部分是月球的高地，叫作月陆；阴暗部分则是平原和低洼之处，叫作月海。

月球表面有许多环形山，大的环形山比海南岛还大，小的只有几十厘米。

月球是除地球外唯一有人类登陆过的星球。

月球表面温度

因为没有大气层的保护，月球表面既不保温，也不隔热。月球表面白天可达 160℃，夜间温度可低至 -180℃。

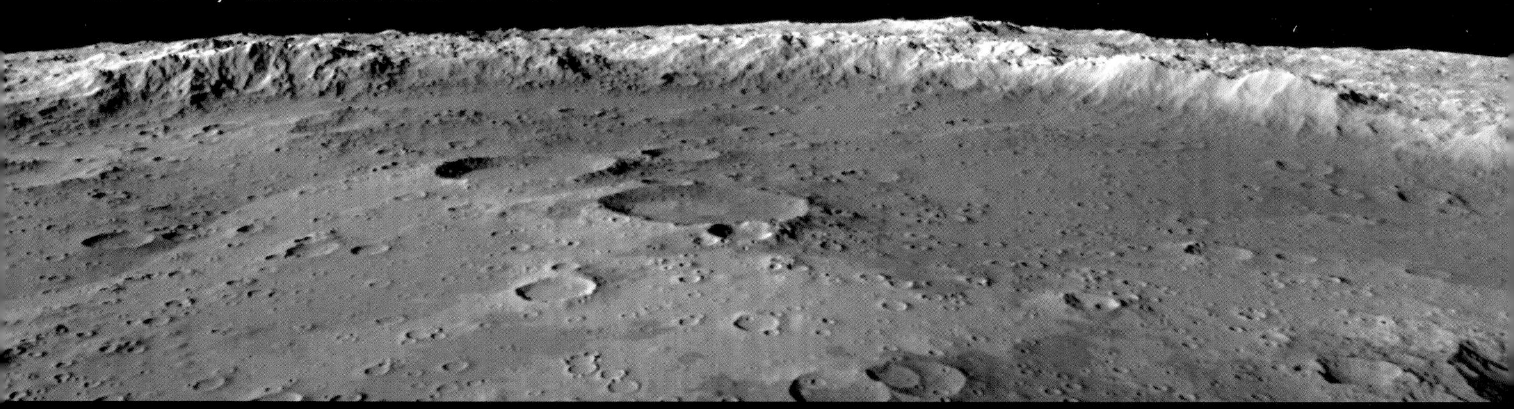

月相

月相是我们能看到的月球被太阳照亮的部分。月球相对地球和太阳的位置不断变化，它被太阳照亮的部分也不同，所以从地球上看，月亮形状是在发生变化的。

地月系统

地球与月球构成的天体系统称为地月系。一般称地月系的运动是月球绕地球运动。实际上，地球和月球是绕它们公共质心运动的，只不过公共质心在地球内部。

地月系的形成

科学家认为，远古时期，月球从别处飞来，突然撞上地球，又被地球甩出去，之后二者在引力作用下形成了地月系。

日食

当月球运动到太阳和地球中间时，太阳光被月球挡住，这就是日食。

观看日食时不可直视太阳，要使用专业的观测工具。

月食

当月球运行到地球的阴影部分时，太阳照射到月球的光线被地球挡住，月亮就像缺了一块，这就是月食。

不同形状的日食和月食。

太阳和月亮的引力会对地球产生影响。例如海水在日月引力的作用下产生潮汐现象。

地球的直径大约是月球的4倍，质量大约是月球的80倍。如果把地球看做一个橙子，那么月球就相当于一个樱桃。

彗星

彗星是一种绕太阳运动的天体，彗星的亮度和形状会随着与太阳距离的变化而变化。

彗星的尾巴

彗星的彗核由冰物质构成，接近太阳时，冰物质遇热变成气体，在太阳风的作用下，就会形成一条长长的尾巴。

彗星形状像扫帚，所以人们又管它叫“扫帚星”。

每个彗星的彗尾都不一样，很多彗星不止一个彗尾。

从地球上看到的彗星

目前已经发现超过 1600 颗绕太阳运行的彗星。

彗星不会发光，它能被看见是因为它反射了太阳光。一部分彗星每隔固定的时间就会来到太阳身边，一部分彗星一生只从太阳身边经过一次。

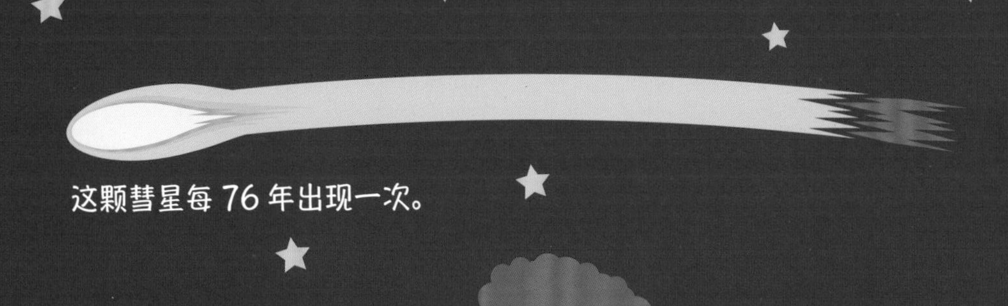

这颗彗星每 76 年出现一次。

哈雷彗星

哈雷彗星每 76 年就会出现一次，这个周期是英国天文学家哈雷算出来的。

流星

在星际空间运行的流星体（宇宙尘埃或其他固体物质）经过地球附近时，在地球引力的作用下，进入地球大气层，与大气层发生摩擦产生光迹的现象，就是流星。

流星体经过大气层，与大气互相摩擦，产生高温并燃烧，最后会被烧成灰烬，只有少数会变成陨石落到地面。

流星

每年降落在地球上的流星体，总质量竟然有 20 万吨！

流星雨辐射点

一场流星雨中，好像所有的流星都是从一个点飞过来的，这个点就是这场流星雨的辐射点。但其实流星之间是平行的，就像我们看远处的火车轨道，也像是从一点延伸过来的。

流星雨的名字通常来源于辐射点所在的星座，或附近较明亮的星体。图为双子座流星雨。

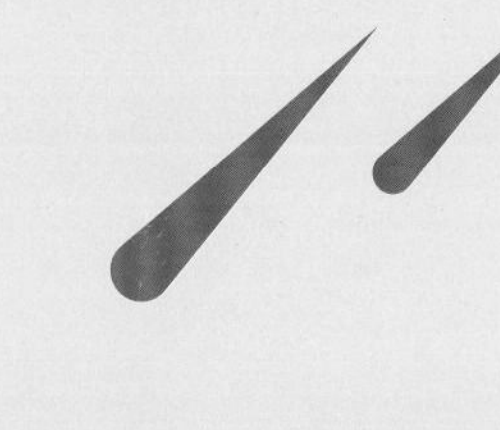

向远处看火车轨道，其两边像是交汇到了一起，但实际上轨道的两条边是平行的。

人们赋予流星美好的意义，许多人会对着流星许愿。

陨石

陨石，又叫“陨星”，是外太空的宇宙流星或尘埃碎块脱离原有轨道，落入地球或其他行星表面后，没有被燃尽的石、铁或石铁混合物质。

地球上的很多陨石来自火星和木星间的小行星带。

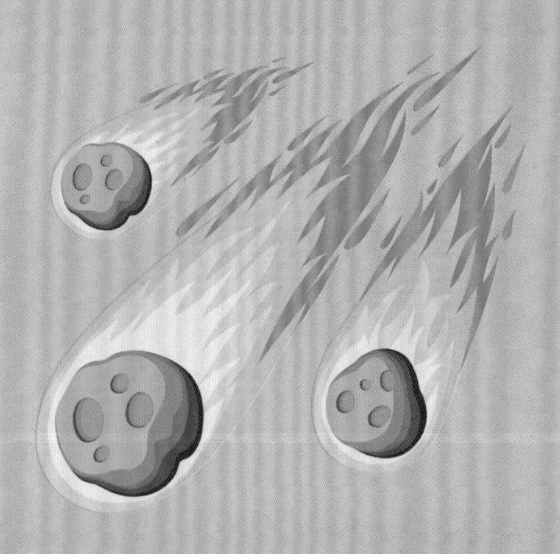

小行星经过地球大气层时，与大气摩擦产生高温，会发出光和热，甚至爆炸。

小行星带中的小行星都围绕着太阳运行，它们中较大的直径有几百千米，小的可能只有 1 千米左右。

地球上有很多陨石撞击留下的陨石坑。许多陨石坑都是几千万年前甚至上亿年前留下的。南极和海洋中也发现了陨石坑。

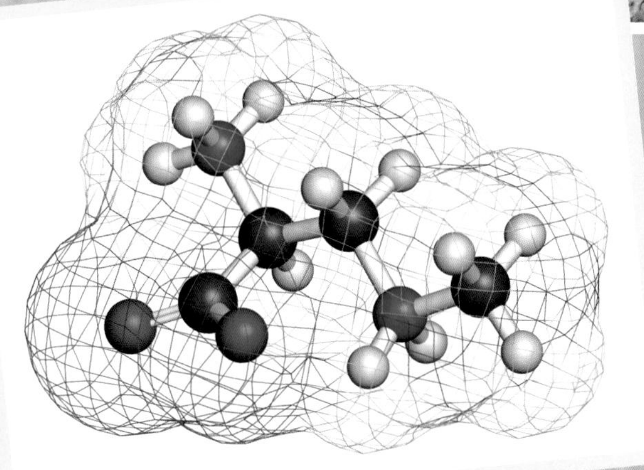

在部分陨石中，人们发现了大量氨、核酸、脂肪酸和氨基酸等与生命组成有关的有机物，因此有人猜测，生命的起源可能跟陨石有关。

1976年3月8日，我国吉林地区下了一场“陨石雨”，陨石散落在四五百千米的范围内。人们收集到2000多千克陨石共100多块，其中最大的陨石重1770千克。

各种各样的陨石

宇宙观测

对于神秘的宇宙，古人早已有过观察和想象。如今，我们在宇宙的观测技术上取得了更大的发展与进步。

公元 2 世纪，托勒密提出了地心说，认为地球处在宇宙中心，太阳和其他行星都围绕地球运转。

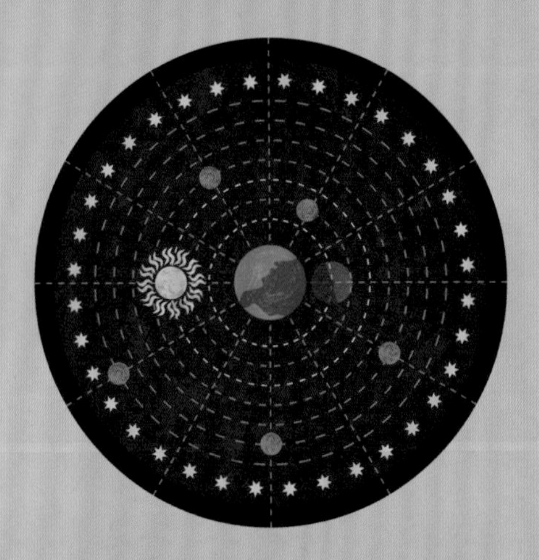

1543 年，哥白尼提出了日心说，认为地球和其他行星绕太阳运动。60 年后，开普勒和伽利略证明了日心说的正确性。

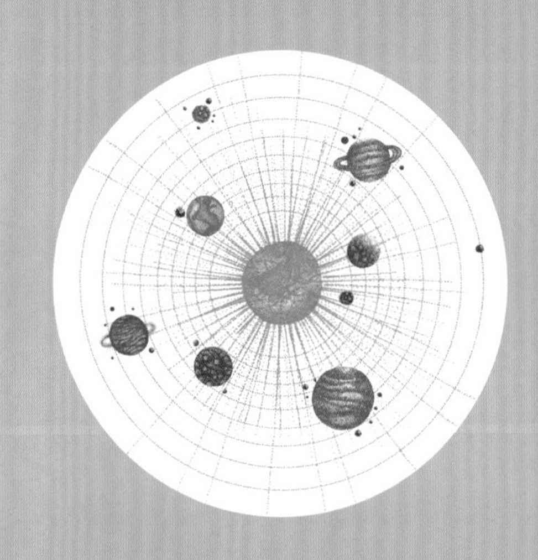

1801 年，西西里和皮亚齐发现了谷神星。随后，越来越多位于小行星带的天体被发现。

1930 年，克莱德·汤博通过分析照片中天体位置的变化，发现了冥王星。

“东方”1 号宇宙飞船与加加林

“东方”1 号宇宙飞船是世界上第一艘载人飞船。1961 年 4 月 12 日，苏联航天员加加林驾驶东方 1 号绕地球飞行一周，飞行最大高度为 301 千米。加加林也因此成为第一个进入太空的人。

“东方”1 号宇宙飞船模型

加加林雕像

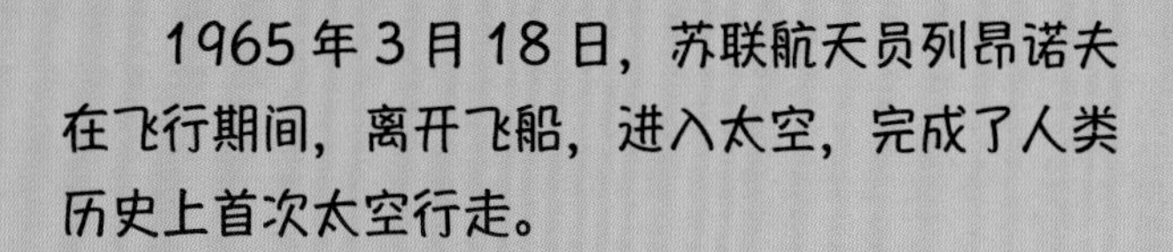

1965 年 3 月 18 日，苏联航天员列昂诺夫在飞行期间，离开飞船，进入太空，完成了人类历史上首次太空行走。

1968 年 12 月 21 日，美国发射了“阿波罗”8 号宇宙飞船，飞船载着波尔曼、洛弗尔和安德斯三位航天员进入太空。“阿波罗”8 号绕月球轨道飞行了 10 圈，实现了人类第一次载人绕月飞行。

1971 年 4 月 19 日，苏联用“质子”号运载火箭发射了世界第一个空间站——“礼炮”1 号。

天文望远镜

天文望远镜是用于观测天体的工具，是现代天文学的一个基础。

1609年，伽利略制作了一架望远镜，用它发现了月球表面凹凸不平，发现了木星的四颗卫星，还有土星光环、太阳黑子等现象。此后，天文望远镜等仪器不断改进和发展，使人们对宇宙有了更加清晰的认识。

伽利略

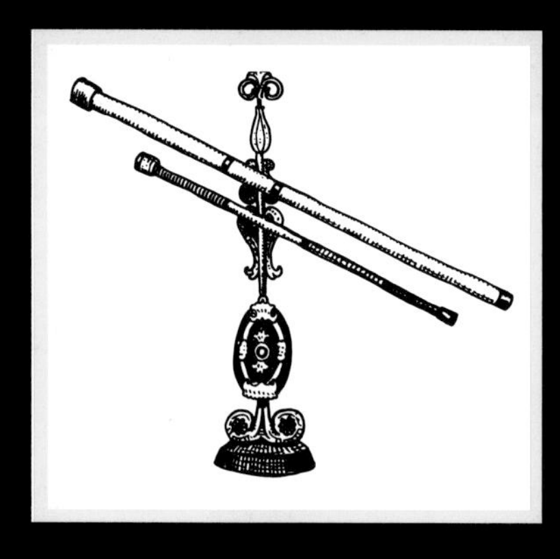

伽利略望远镜

天文望远镜一般分为折射望远镜、反射望远镜和折反射式望远镜。

折射望远镜非常适合用于天体测量。

反射望远镜用反射镜作为物镜，它的重要特点是没有色差。

折反射式望远镜兼具折射望远镜和反射望远镜的优点。

一般情况下，天文望远镜有两个镜筒。小镜筒叫作“寻星镜”或“瞄准镜”，用来寻找目标。大镜筒用来观察目标。

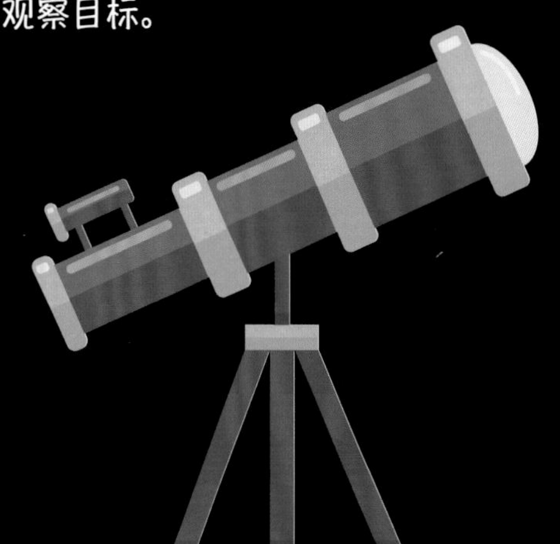

口径大的天文望远镜能够看到更远的天体，现代天体的观测研究需要更大口径的望远镜。

一些大型望远镜重量可达上百吨。

射电望远镜对天文学的发展起到了重要的作用。

如今，人们不仅可以在地面进行天文观测，还可以使用空间望远镜，在大气层外进行科学观测。

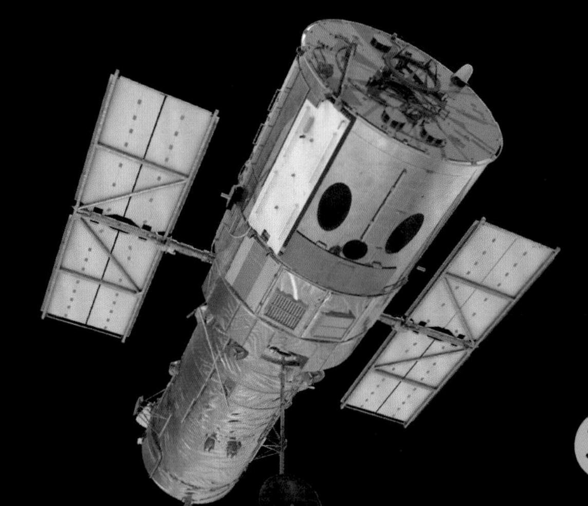

星系和星云

晴朗的夜晚，我们可以看到横亘在天空中的银河。宇宙中有很多像银河系这样的星系，还有很多美丽的云雾状的星云，让我们一起走近它们吧……

星系的数量

广义上的星系，指的是包括无数行星系（类似于太阳系）、尘埃、气体（如星云）和暗物质等，具有强大束缚力的天体系统。银河系就是一个典型的星系。

不同星系，大小差异很大。有些星系直径只有几千光年，有些星系直径可达几十万光年。

星系的发现

1610年，伽利略用他的望远镜观察天上的“银河”，发现银河这条明亮的带状物是由大量恒星构成的。1755年，伊曼纽尔·康德推测，星系可能是许多恒星系统由重力牵引束缚，聚集起来的。

威廉·赫歇尔证实了银河系是扁平的圆盘状，并绘制了银河系的截面图。他是第一位尝试描绘银河系形状的天文学家。

人们目前已经观察到了几万个像银河系这样的星系。而在宇宙中，这样的星系还有上万亿个。

目前人类所发现的最大的星系是IC-1101星系，它的直径有210万光年，体积有数千个银河系那么大。

目前已知的最遥远的星系，距离地球有130亿光年。

星系围绕着质量中心运转。

星系的分类

1926年，美国天文学家哈勃建立了按照星系形态分类的分类系统，经不断完善后，沿用至今。

根据哈勃的分类标准，星系可分为“椭圆星系”“螺旋星系”和“不规则星系”三大类。三大类星系又可以分成很多小类。

椭圆星系

螺旋星系

不规则星系

椭圆星系是数量最多的星系，螺旋星系次之，不规则星系最少。

椭圆星系直径一般在3000多光年至49万光年之间，螺旋星系直径一般在十几万光年之内，不规则星系直径一般在6000多光年至3万光年之间。

不同椭圆星系质量差别可达一亿倍。不规则星系通常质量较小。相比较而言，螺旋星系的质量居中。

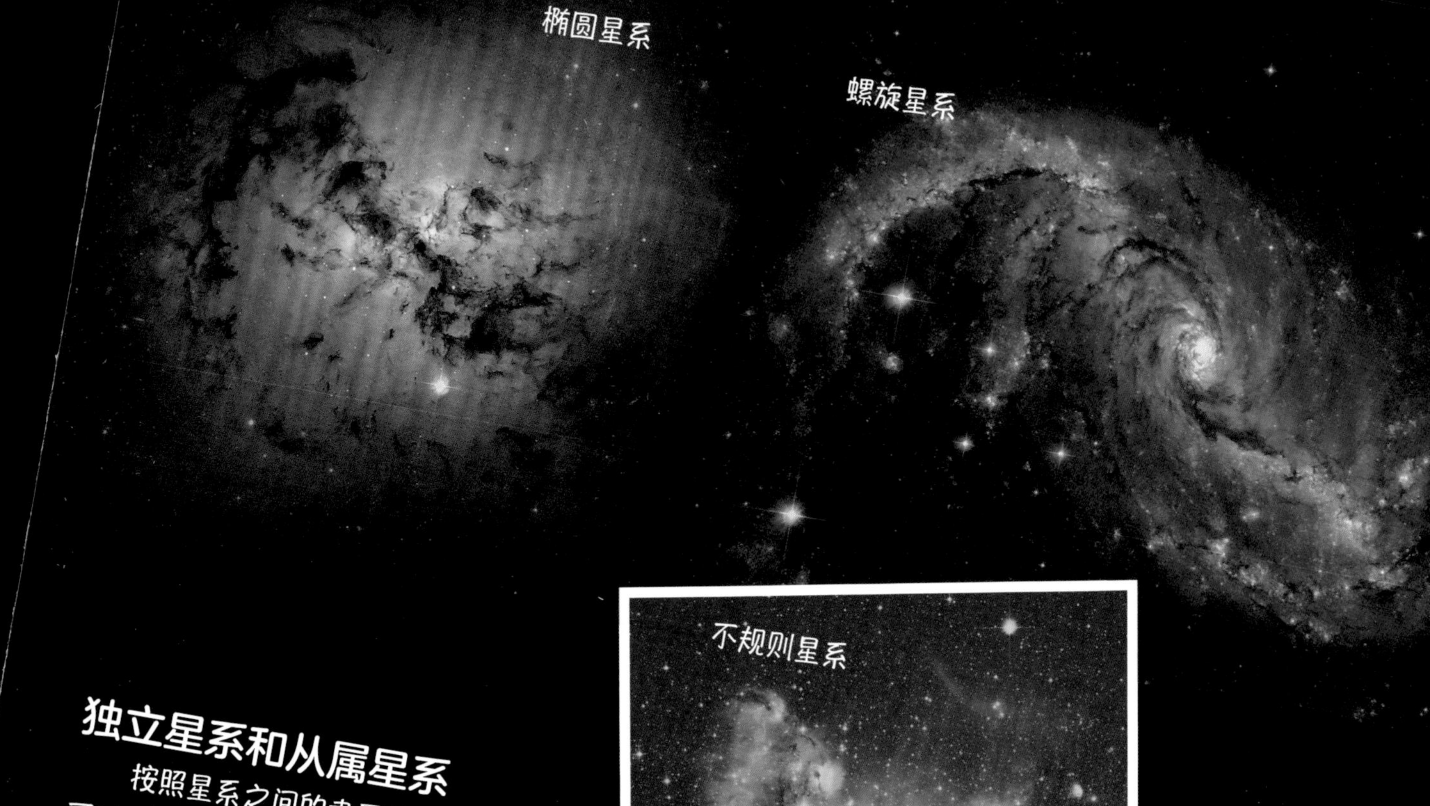

独立星系和从属星系

按照星系之间的隶属关系，可以将星系划分为独立星系和从属星系。不环绕中心体运转的天体为独立星系，否则为从属星系。

透镜星系

透镜星系是椭圆星系向螺旋星系过渡的一类星系。透镜星系形状非常扁，并且开始出现螺旋特征。

核旋转星系和核不旋转星系

根据星系的核是否旋转，可以将星系划分为核旋转星系和核不旋转星系。从属星系的核都是旋转的，独立星系的核，有的旋转，有的不旋转。

直线运动星系和曲线运动星系

根据星系运动轨迹的不同，可以将星系划分为直线运动星系和曲线运动星系。

椭圆星系

椭圆星系外形呈圆形或椭圆形，中心亮，向外逐渐变暗。

椭圆星系的分类

椭圆星系按照外形可分为 E0、E1、E2、E3、E4、E5、E6、E7 八种次型。

E0 E1 E2 E3 E4 E5 E6 E7

E0 型是最圆的一类椭圆星系。

E7 型是最扁的一类椭圆星系。

不同的椭圆星系，大小和质量的差别都非常大。

椭圆星系看起来通常是黄色或者红色的。图中是天炉座星系团的 NGC 1316 星系。

较大的椭圆星系都含有以老年恒星为主的星团，所以椭圆星系有“老人国”星系之称。

椭圆星系可能是由两个星系碰撞融合形成的。

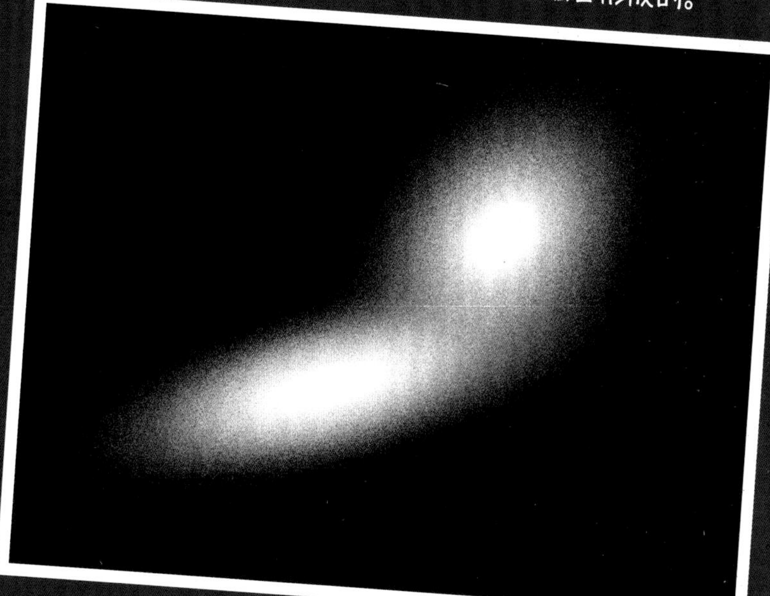

仙女座星系以及它旁边两个小小的椭圆星系。

螺旋星系

螺旋星系是由恒星和大量尘埃、气体组成的结构扁平的星系，具有绕中心旋转的螺旋臂。

1845 年 Rosse 爵士观测猎犬座星系的 M51 星系时，发现了它的旋臂结构。螺旋星系的螺旋形状首次被发现。

螺旋星系的螺旋臂上有很多年轻、明亮的恒星。

螺旋星系早期可能并不是漂亮、有规则的螺旋形，而是一些奇怪的形状。天文学家认为它是后来才慢慢变成螺旋形的。

向日葵星系，编号 M63，是第一个结构被确认的星系。它是位于猎犬座的一个螺旋星系。

三角座星系是一个螺旋星系，位于三角座，编号 M33。它比银河系略小一些。

M101 星系是一个非常大的螺旋星系，直径相当于银河系直径的两倍。

仙女座星系是一个螺旋星系，在夜空中可以被肉眼看见。

棒旋星系

棒旋星系是螺旋星系的一种。不同于一般的螺旋星系，棒旋星系是一种有棒状结构贯穿星系核的旋涡星系。

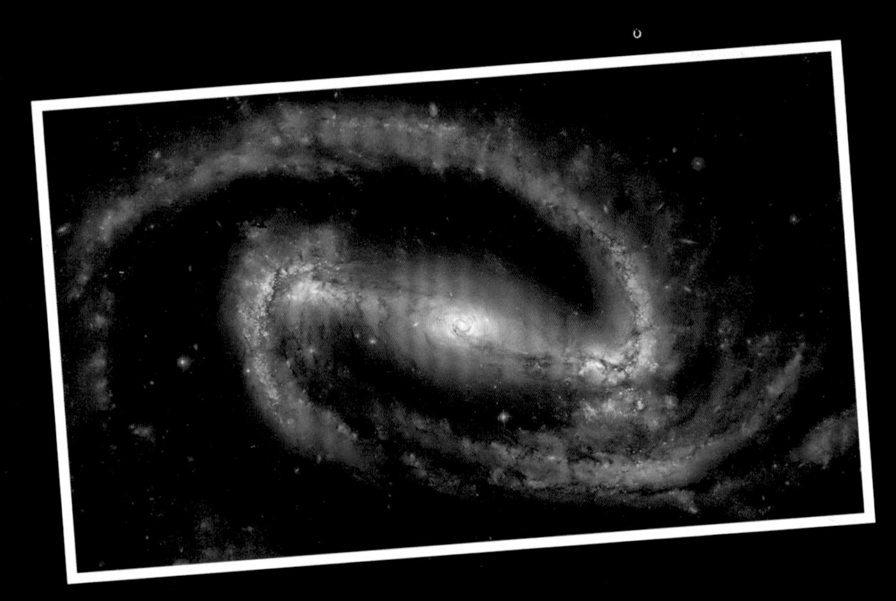

在所有的螺旋星系中，棒旋星系大约占了2/3。

观测数据表明，银河系属于棒旋星系，其中心有一个“恒星棒”，长度达2.7万光年。

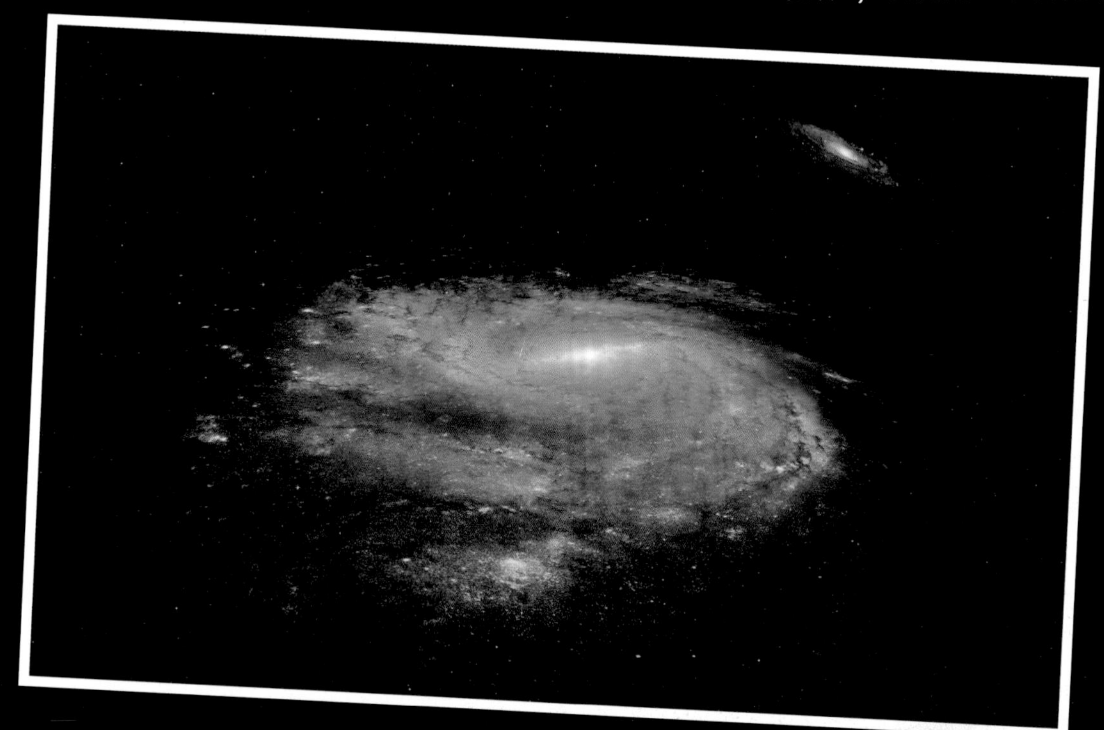

M109 星系是 1781 年被发现的标准的棒旋星系。

NGC 7479 位于飞马座，是一个距离我们大约 1 亿 500 万光年的棒旋星系。

M95 星系是位于狮子座的棒旋星系。

南风车星系，编号 M83，是位于长蛇座的棒旋星系。

不规则星系

不规则星系指的是外形不规则，没有核球和旋臂，也看不出旋转对称性的星系。

不规则星系数量很少。它们普遍质量很小，外观混乱。不规则星系可能是螺旋星系和椭圆星系受到破坏后形成的。

不规则星系又可以分为 Irr I 型和 Irr II 型两类。Irr I 型结构简单，有些隐约可见不规则的棒状结构。Irr II 型没有任何明显特征，其组成成分也难以分辨。

大麦哲伦星系属于不规则星系，但其中心具有短棒结构，因此有人猜测，其最初属于棒旋星系，因为受到银河系重力的扰动才变成了不规则星系。

小麦哲伦星系和大麦哲伦星系一样，可能也是由棒旋星系转变成不规则星系的。

螺旋星系 M81 和它邻近的不规则星系 M82。

NGC 4449 是位于猎犬座的一个不规则星系。

活动星系

活动星系是有猛烈活动现象的星系，又叫激扰星系。大约有 10% 的星系是活动星系。

活动星系包括类星体、射电星系、星爆星系、蝎虎天体、赛弗特星系等。

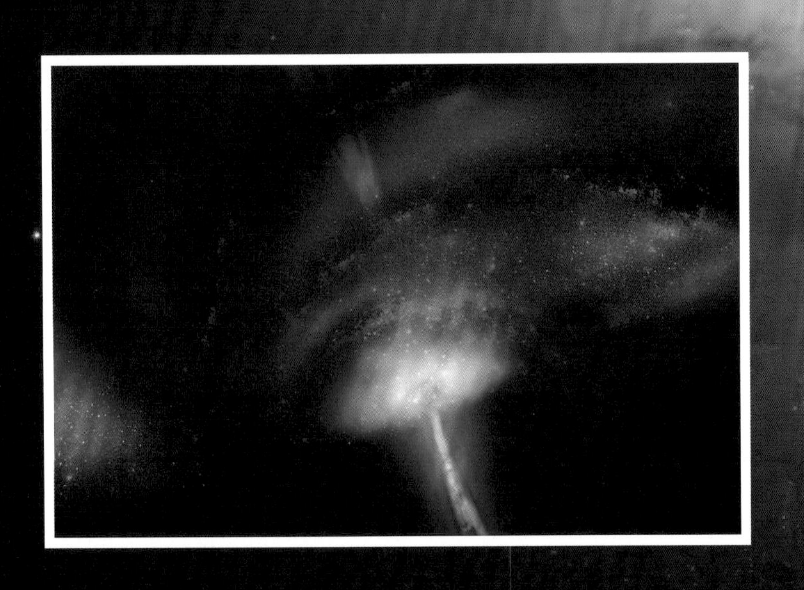

类星体

类星体是一种类似恒星的天体。它释放出的能量高于一般星系千倍。它的亮度极大，使其光能在 100 亿光年以外也能被观测到。

射电星系

射电星系指能够发出强烈的射电辐射的星系。它的射电辐射是普通星系的百倍左右。射电星系形态多样，大多为椭圆星系。

星爆星系

星爆星系是一种相较于其他星系，形成恒星的速率高出许多的星系。星爆星系的形成，通常是因为两个星系靠得太近，或发生碰撞。

蝎虎天体

蝎虎天体是一种光度和偏振变化剧烈而无规律的活动星系。

赛弗特星系

赛弗特星系是一种螺旋星系，性质与类星体相似，但光度低，星系核活动剧烈。

活动星系都位于很远的地方，它们发出的光要几百万甚至几十亿年才能到达我们这里。

活动星系非常年轻。天文学家猜测，可能所有星系都经历过像活动星系这样具有激烈活动的阶段。

类星体

类星体又称似星体、魁霎或类星射电源，是类似恒星的、亮度极高的天体。类星体距离地球都非常遥远。

类星体以光、无线电波或 X 射线的形式释放出巨大的能量。

现已发现 20 多万颗类星体，其中最远的距我们 150 亿光年。

关于类星体的能量来源，不同的科学家有着不同的观点，目前主要有以下几种假说：

反物质假说

宇宙中正反物质相遇，相互抵消的过程中，发生爆炸，释放出巨大的能量。

黑洞假说

类星体的中心，可能是一个质量巨大的黑洞，它吞噬周围物质，释放出能量。

白洞假说

白洞是广义相对论预言的一种天体，它的特点是不断辐射出能量和物质。

巨型脉冲星假说

类星体可能是一种巨型脉冲星，由于磁力线扭结，而造成能量的大量释放。

恒星碰撞爆炸假说

宇宙形成早期的星系，星系核密度极大，内部恒星经常发生碰撞和爆炸。

根据观测计算，类星体中有强烈电波辐射的，可能是椭圆星系；发出无线电波的，可能属于螺旋星系。

类星体、宇宙微波背景辐射、脉冲星与星际分子，被称为 20 世纪 60 年代天文学四大发现。

银河系

银河系是盘状结构，侧面呈扁球状。银河系有 1000 亿 ~4000 亿颗恒星，以及大量的星团、星云，各种星际气体和尘埃。

在地球上看，银河系像一乳白色的带状物。

银河系是棒旋星系，有明亮的核心、两条主要的旋臂和两条不太明显的旋臂。它的旋棒主要由红色的、年老的恒星组成。

太阳系位于银河系的分支旋臂猎户臂上，距离银河系中心约 2.6 万光年。

距离银河系最近的河外星系是4.2光年外的大犬座矮星系。

银河系中央可能有一个黑洞，其质量达到太阳的250万倍。

银河系除了自转，还围绕着宇宙空间运动。

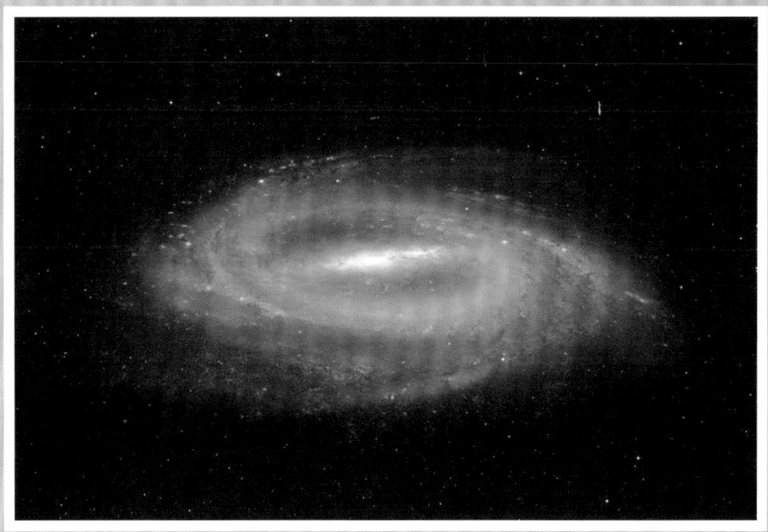

银河系不断地吞噬着周围的矮星系，使自己壮大。与大犬座矮星系有关联的星团NGC 1851、NGC 1904、NGC 2298和NGC 2808等，都是被银河系吸收留下的残骸。

河外星系

在银河系以外，由大量恒星组成的星系，称为河外星系，又称河外星云。

编号 M31 的仙女座星系是被发现的第一个河外星系。它离银河系较近，是银河系的“邻居”。

人们已经观测到超过 10 亿个河外星系。

三角座星系也是银河系的“邻居”，比银河系小一些。

星系的命名

大部分的星系都是用编号命名的，例如 M31；部分是以所在的星座命名的，如猎犬座星系；少部分以发现者的名字命名，如大麦哲伦星系和小麦哲伦星系；还有的星系是根据外形命名的，如玫瑰星系，因外形似玫瑰而得名。

本星系群

银河系以及附近的仙女座星系、大小麦哲伦星系等几十个星系组成的星系集团，叫作本星系群。本星系群直径约有 1000 万光年。

超星系团

又叫二级星系团，是一些星系团聚集在一起，组成的级别更高的天体系统。

本超星系团

本星系群与附近几十个星系团组成的系统叫本超星系团，也叫室女座超星系团。

星系碰撞

星系碰撞不是真的“碰撞”，而是星系间因为引力产生的一种相互作用。星系碰撞对星系演化至关重要，是宇宙中一种普遍的现象。

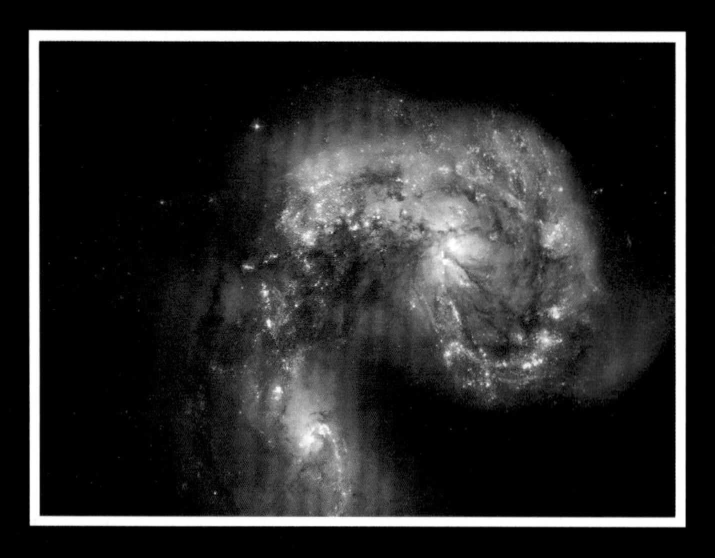

乌鸦座的触须星系是两个正在发生“碰撞”的星系组成的。

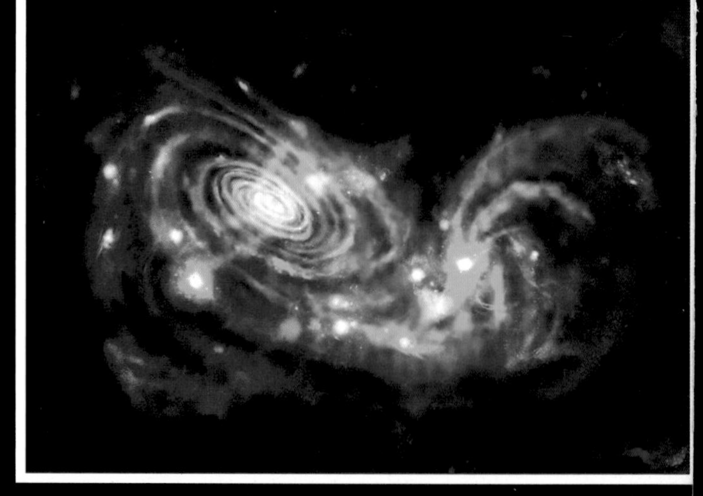

两个星系碰撞的结果，可能是合并成一个星系。如果两个星系大小差别很大，碰撞后小的星系会被撕裂，成为大星系的一部分。

星系发生碰撞时，恒星诞生的速度更快，比普通星系快 10 倍还要多。

两个螺旋星系的碰撞示意图

M51 是位于猎犬座的螺旋星系，NGC 5195 连接在 M51 一条悬臂的末端，这两个星系正在发生碰撞。

预计 40 亿年后，仙女座星系会和银河系发生碰撞。

星云

星云是星际气体或尘埃相互吸引结合成的密集的云雾状天体。

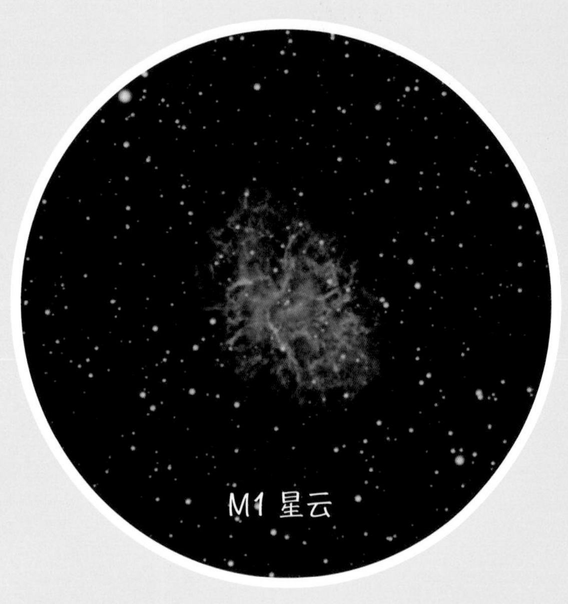

M1 星云

1758 年，法国人梅西耶发现一个在恒星间位置没有变化、形似彗星的云雾状物体，并将它记录下来，编号“M1”。后来这些云雾状天体被命名为星云。

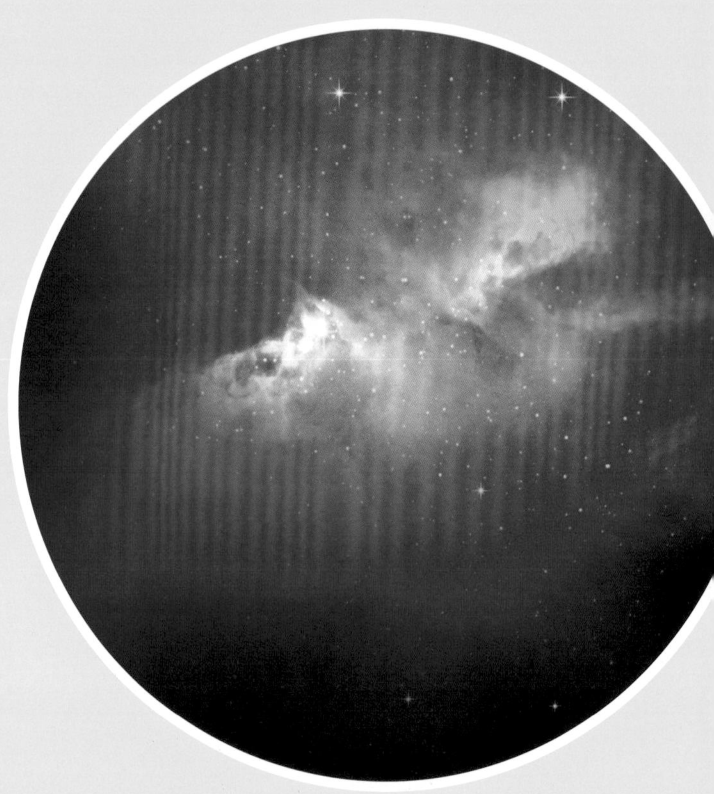

星云疏松稀薄，形态多样。

星云密度低、体积大，直径可达几十光年。

普通的星云质量一般超过 1000 个太阳。

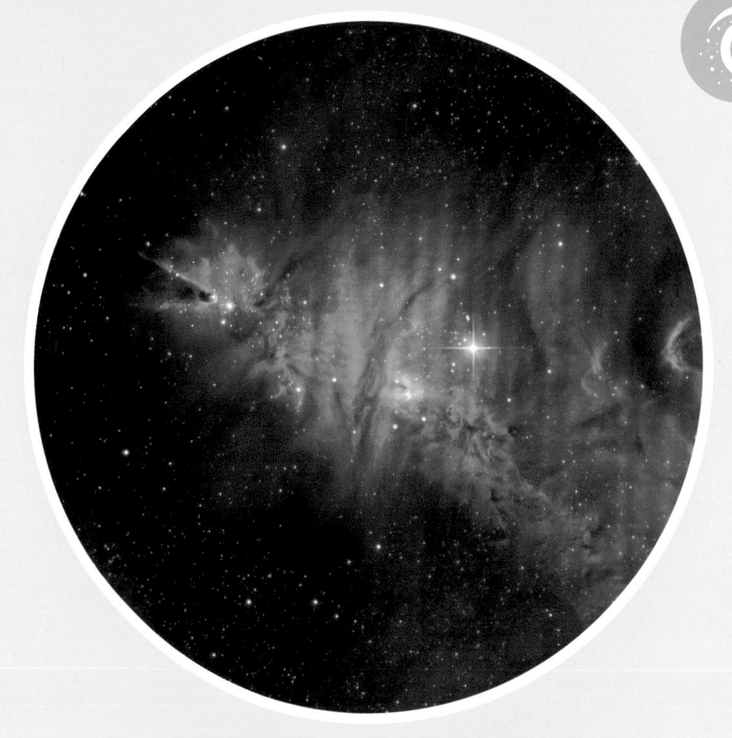

星云和恒星之间是可以相互转化的。在引力作用下，星云里的物质被压缩，在一定条件下可以演化成恒星；恒星抛出的气体，也会成为星云的一部分。

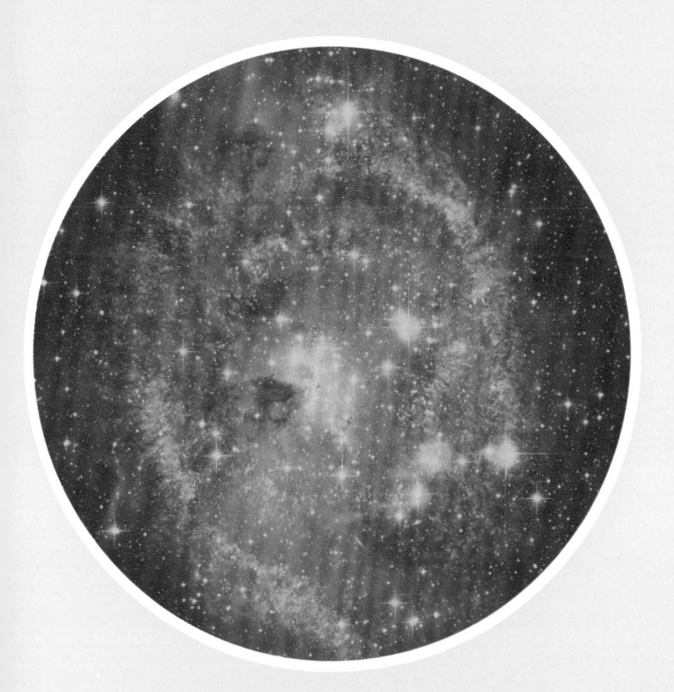

早期望远镜无法分清星系和星云。一些河外星系由于历史习惯，也被称之为星云，如大麦哲伦星云、小麦哲伦星云、仙女座大星云。

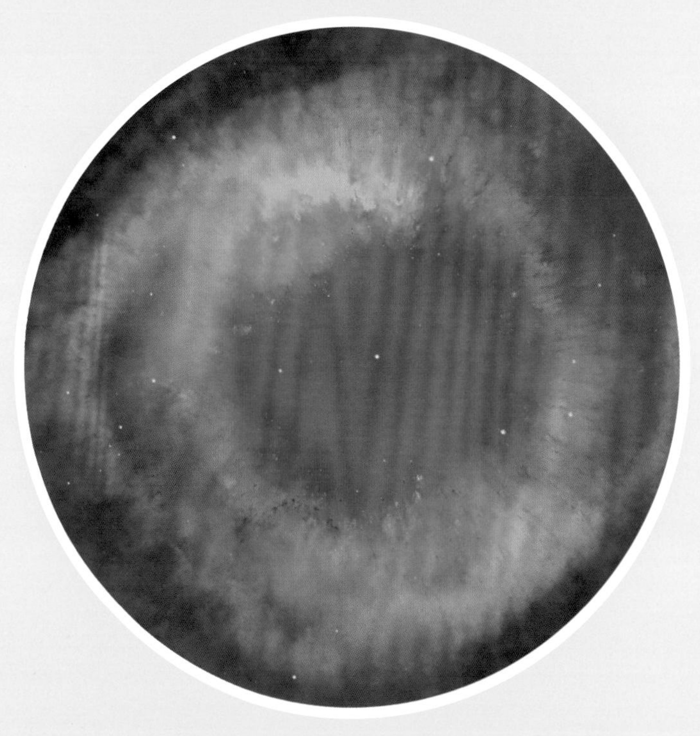

有些星云的外形非常有趣。例如位于宝瓶座的星云“上帝之眼”，外形像一只眼睛。

星云的分类

星云按照形态可以分为弥漫星云、行星状星云、超新星遗迹以及双极星云。按照发光性质可以分为发射星云、反射星云、暗星云。

弥漫星云

弥漫星云形状不规则，像天上的云彩。体积较大，物质极其稀薄。星云弥散在一颗或几颗明亮的年轻恒星周围。图中的猎户座大星云就属于弥漫星云。

行星状星云

行星状星云外形跟大行星类似，一般是圆形、扁圆形或者环形。行星状星云是由年老的恒星向外抛射物质形成的，通常数万年之后就会消散。

超新星遗迹

超新星遗迹是超新星爆发后抛出的物质形成的。这种星云最后会消散。超新星爆发是指恒星晚期发生的剧烈爆炸。

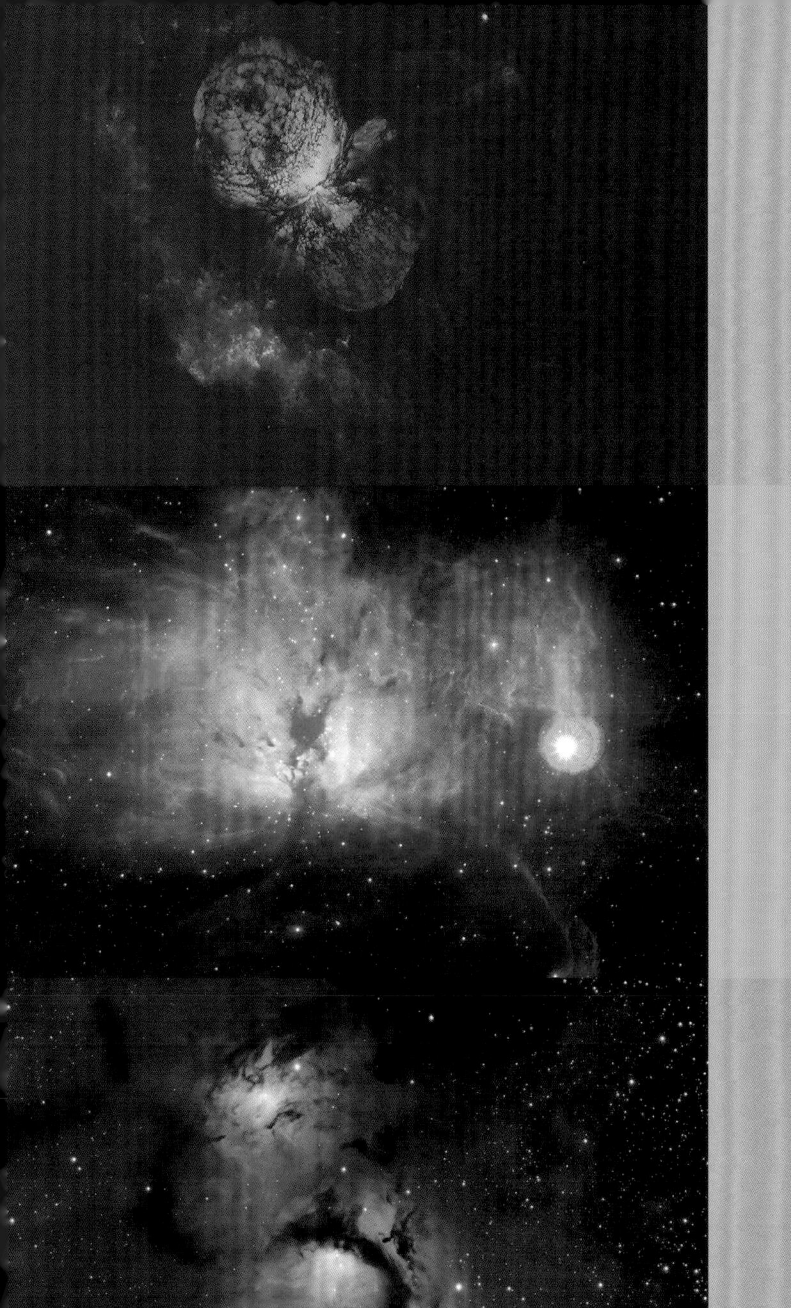

双极星云

双极星云外形独特，呈轴对称形状。

发射星云

发射星云是受到附近恒星激发而发光的星云。

反射星云

反射星云是反射周围恒星的光而发光的星云。一般呈蓝色。

暗星云

暗星云附近没有明亮的星，不能发光也无法反射光线，是黑暗的。

明亮的恒星

恒星是一种什么样的天体？我们能看到哪些恒星？离我们最近的恒星是哪颗？让我们一起观察明亮的恒星，寻找答案吧！

什么是恒星

恒星是一种由炽热的气体组成的球状或者类球状星体，它能够自己发光。

恒星光谱分类

恒星温度的差别，会引起恒星光谱及各种性质的差别。利用光谱特性对恒星分类是常用的分类方法。

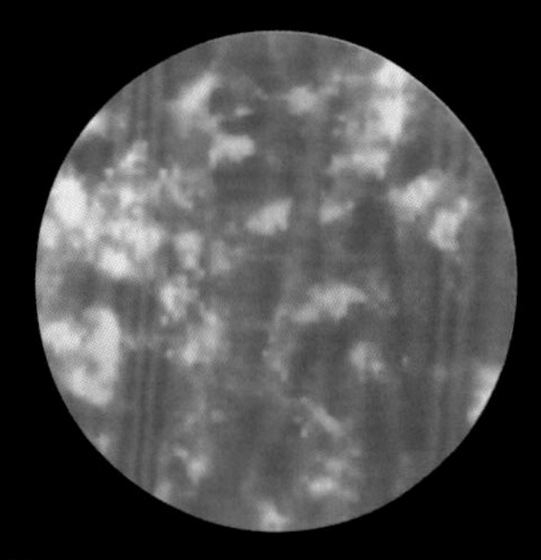

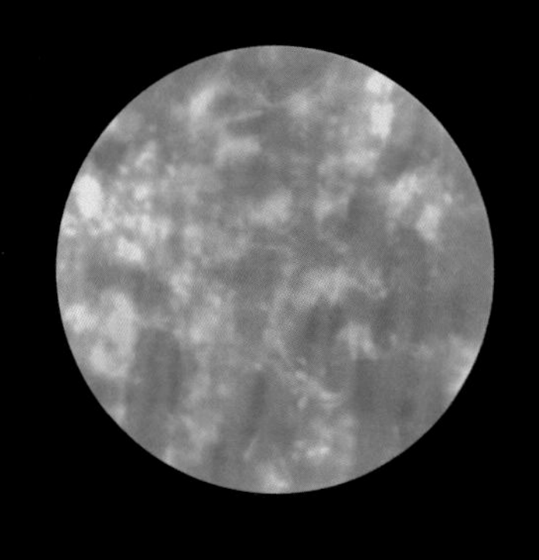

O 型星

温度：高于 25000K

颜色：蓝白色

谱线特征：紫外线区连续光谱强烈

典型恒星：猎户座 ι

B 型星

温度：11000 ~ 25000K

颜色：蓝白色

谱线特征：氢线强，氦原子谱线呈中性

典型恒星：大熊座 η

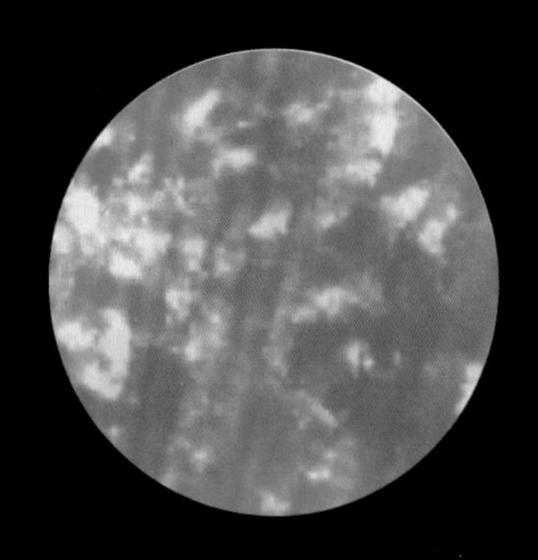

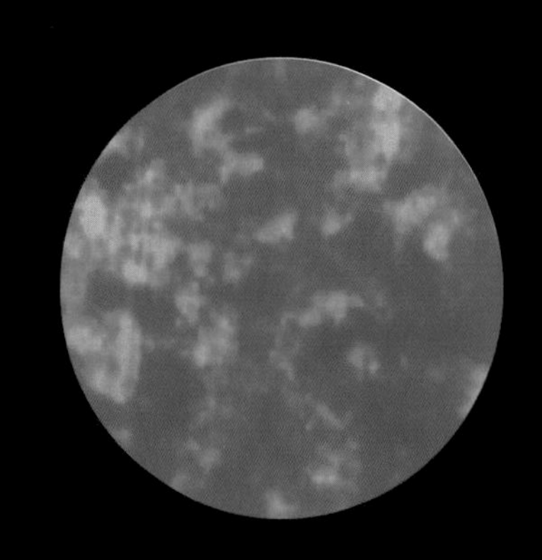

K 型星

温度：3500 ~ 5000K

颜色：橙色

谱线特征：氢线弱，主要为金属谱线

典型恒星：金牛座 α

M 型星

温度：低于 3500K

颜色：红色

谱线特征：有金属、分子及氧化物的谱线

典型恒星：猎户座 α

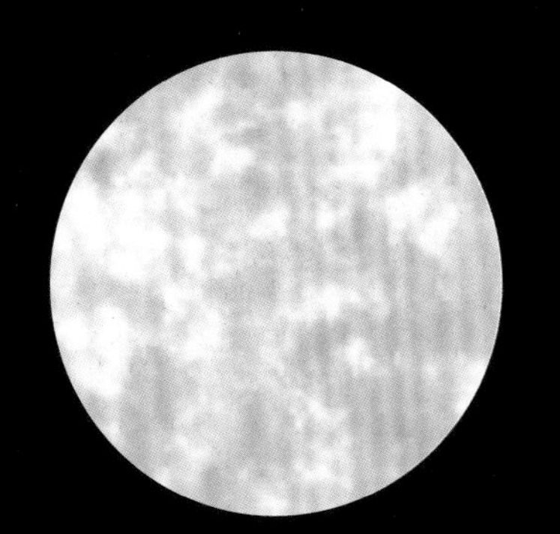

A 型星

温度：7500 ~ 11000K

颜色：浅蓝色

谱线特征：氢原子谱线强烈，金属谱线微弱

典型恒星：天琴座 α

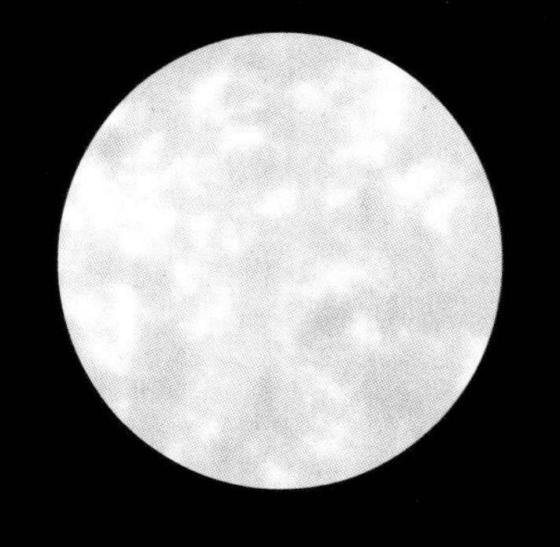

F 型星

温度：6000 ~ 7500K

颜色：白色

谱线特征：氢线强，出现许多金属线

典型恒星：仙后座 β

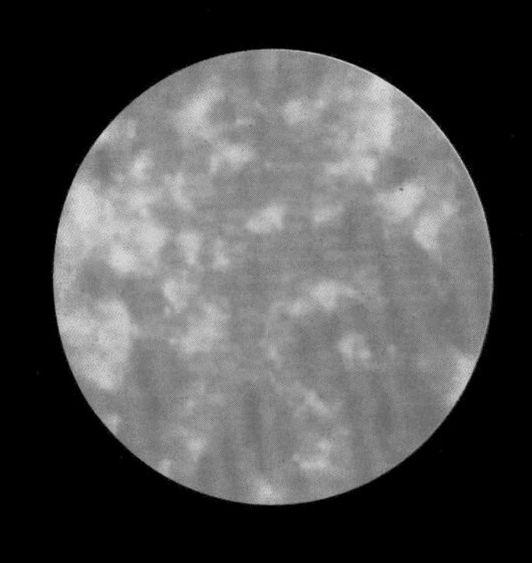

G 型星

温度：5000 ~ 6000K

颜色：黄色

谱线特征：氢线弱，分子谱线出现

典型恒星：太阳

恒星的年龄一般在 10 亿至 100 亿年之间。质量越大的恒星，寿命越短。这是因为质量大的恒星内部反应更剧烈，“燃料”燃烧得更快。

恒星体积差别很大，它们的直径可相差几百倍甚至上千倍。

一个星系通常拥有千亿颗恒星，但恒星间距离很远，一般不会碰撞。

恒星的分类

恒星的种类很多，分类依据也很多样。可根据光度、温度、运动情况、寿命等对恒星进行分类。

很多恒星周围有围绕着它公转的行星。太阳就是一颗恒星，地球是一颗行星，围绕着太阳公转。

恒星的形成

恒星是气态星球，是在星云中孕育的。星云中有形成恒星所需的基本物质。

猎户座星云

猎户座星云位于猎户座，距离太阳系 1500 光年。猎户座星云是一个正在产生新恒星的年轻天体，含有大量孕育恒星的星际尘云和数以千计的新生恒星。

恒星形成的一般过程

星云中的氢气受热升温，引起其他物质升温、发光。

星云中的气体和尘埃在引力作用下聚集压缩，密度增大，温度升高。

经过漫长的时间，星云密度变得很大，形成盘状旋涡。星云中心的气体被挤压成高密度和高温的球体。

压力进一步增大，巨大的气柱从旋涡中心喷出。年轻的恒星就在这中心。

年轻的恒星不断被挤压，在以后几十万年里，变得更热更亮，温度可达 1500 万摄氏度。

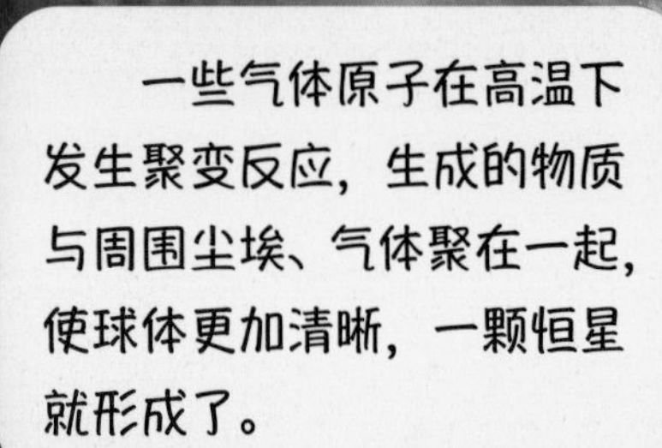

一些气体原子在高温下发生聚变反应，生成的物质与周围尘埃、气体聚在一起，使球体更加清晰，一颗恒星就形成了。

鸢尾花星云

鸢尾花星云，又叫彩虹星云、蓝蝴蝶花星云等，位于仙王座，是一个明亮的反射星云。星云中包裹了一个炽热的、大质量的年轻恒星。

船底座星云

船底座星云，也叫卡利纳星云、钥匙孔星云，是一个明亮的发射星云。船底座星云包裹的船底座η星，是银河系最亮的恒星之一。

M78 星云

M78 星云位于猎户座，距离地球大约 1600 光年。M78 是一个明亮的反射星云，星云中正在形成年轻的恒星。

晴朗的、没有月亮的夜晚，在没有光污染的地区，我们用肉眼可以看到约 6000 颗恒星。用天文望远镜，能看到更多。

恒星的生命周期

恒星生命周期的长短，与恒星的质量有关。恒星的质量越大，生命周期越短；质量越小，生命周期越长。

质量大的恒星生命周期只有几百万年，质量小的恒星生命可超过千亿年。

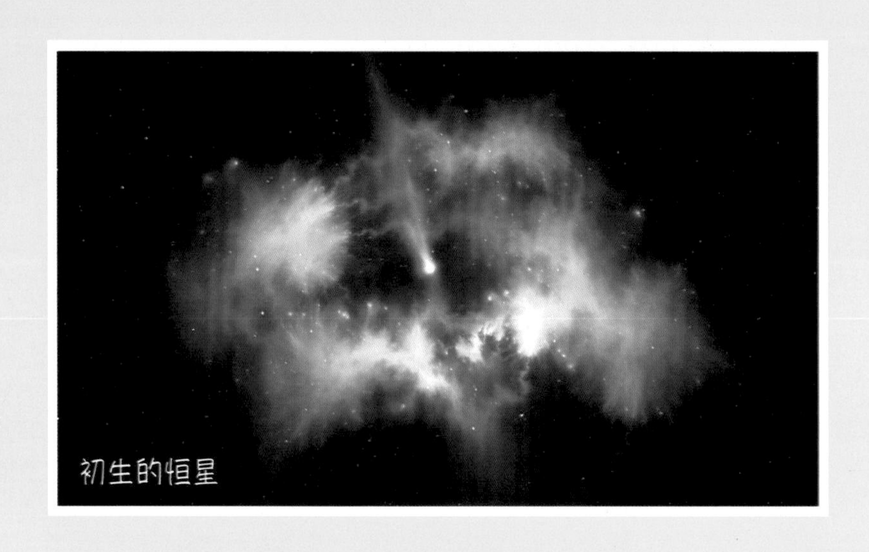

初生的恒星

恒星的幼年期

恒星从星云中诞生，初始阶段几乎完全被掩盖在星云气体和灰尘中。

如果初始星体质量太小，它就无法达到成为恒星所需的温度，会变成褐矮星，在漫长的时光中慢慢冷却。

恒星的成年期

经过几百万年的时间，恒星逐步达到平衡、稳定的状态，这时恒星被称为“主序星”。太阳就处于主序星阶段，并且会停留一百亿年左右。质量小的恒星可在此阶段停留千亿年。

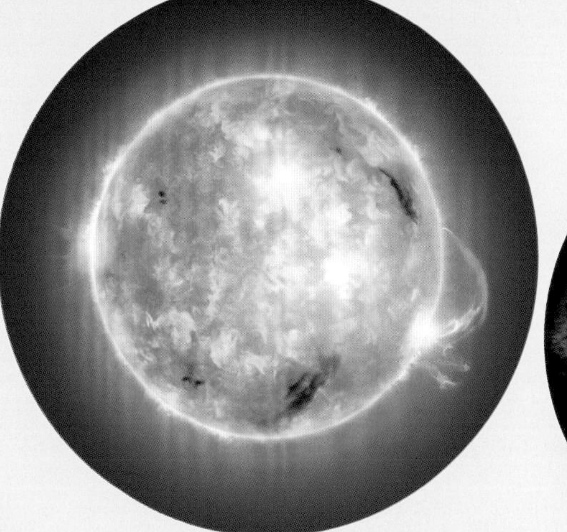

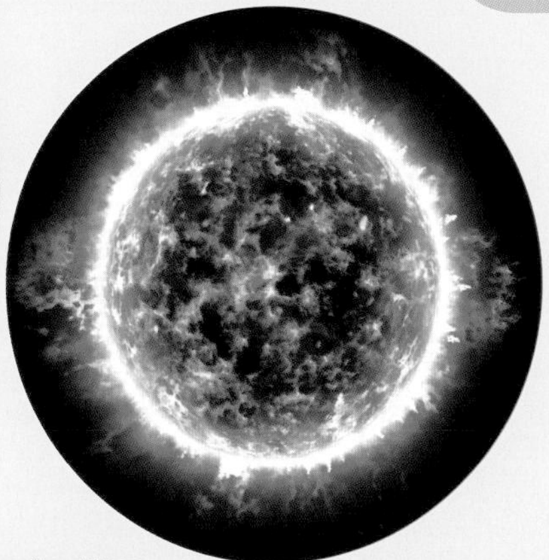

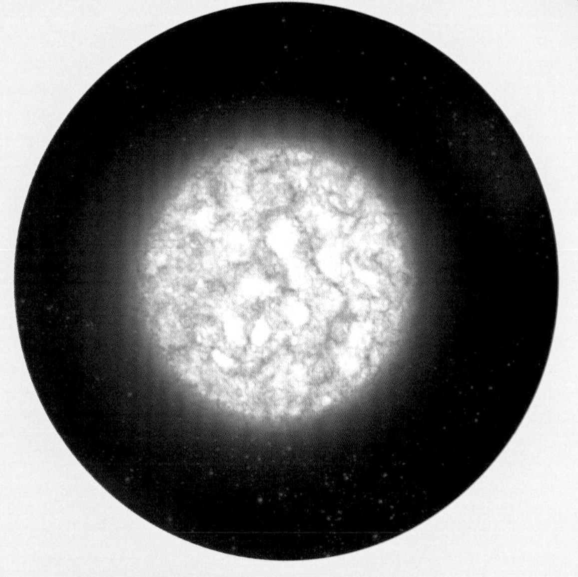

恒星的中年期

恒星内部不停发生聚变反应，此过程中恒星会变大，变成红巨星或超巨星。这一阶段比较短，并且不稳定。

恒星的老年期

这一阶段的演化由恒星的质量决定。像太阳这样的恒星，在内部燃料用完之后，会坍缩成白矮星。外层物质抛散出去成为行星状星云。

质量大的恒星，会发生超新星爆发。超新星爆发后可能会形成中子星或黑洞。

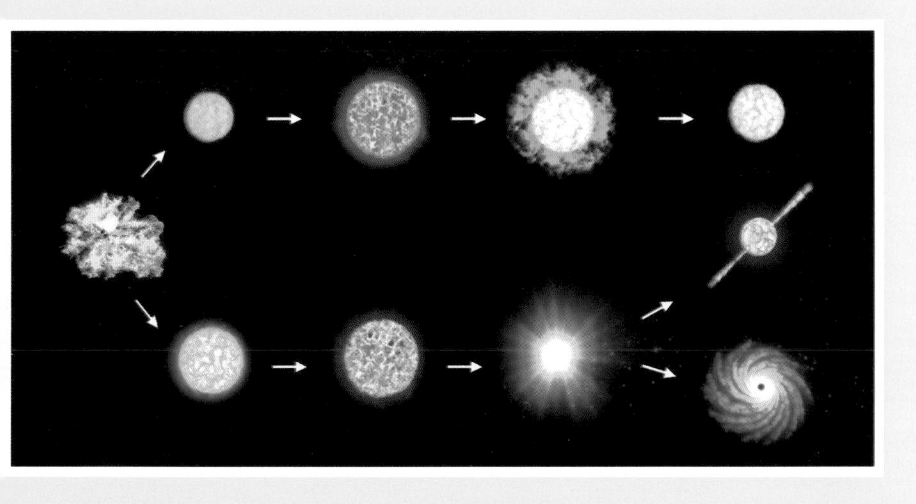

在恒星诞生、发展和消亡的过程中，每个阶段的形态和特性都不相同。

太阳

太阳位于太阳系中心，占太阳系总质量的99.86%。太阳系的行星、彗星、星际尘埃等围绕太阳公转。

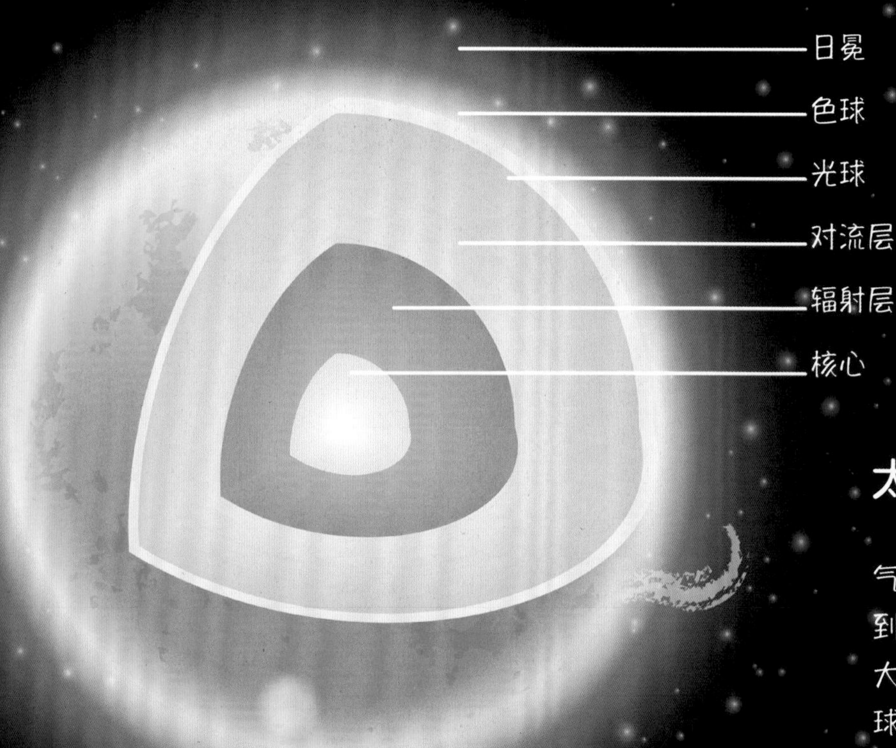

太阳结构

太阳结构可分为内部结构和大气结构两部分。太阳内部结构从内到外分别为核心、辐射层、对流层，大气结构从内到外分别为光球、色球、日冕。

太阳时刻发生着剧烈的活动，如太阳黑子、太阳耀斑、太阳风等，会对地球产生影响。

太阳黑子

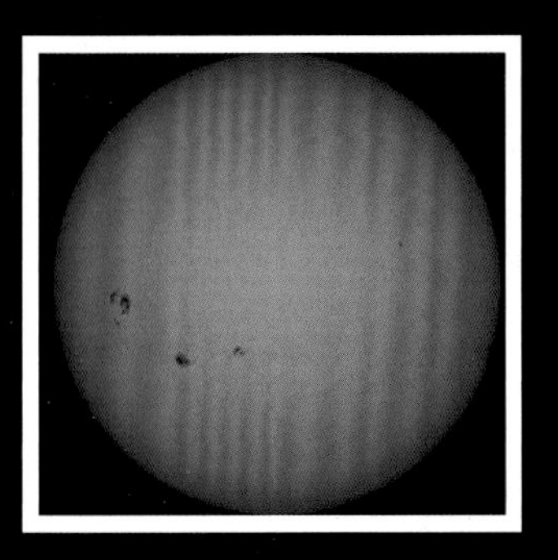

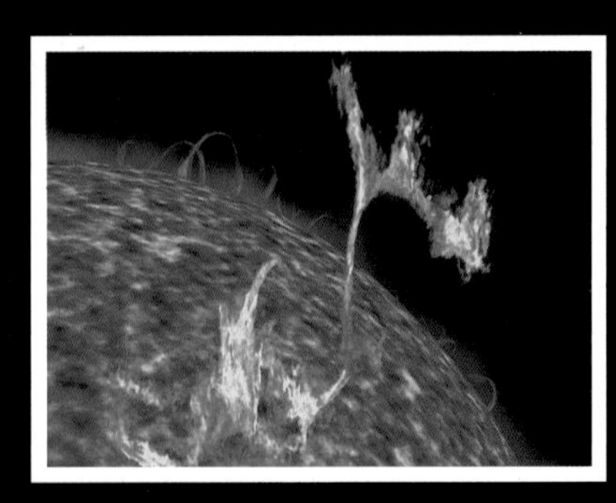

太阳风

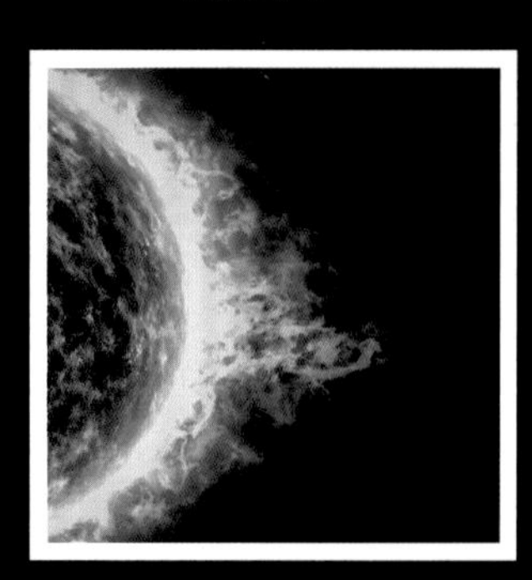

太阳的直径是地球的 109 倍，体积是地球的 130 万倍，质量是地球的 33 万倍。

太阳向宇宙辐射大量能量，其中只有 22 亿分之一能到达地球。太阳辐射是地球光能和热能的主要来源。

按照光谱分类，太阳属于黄矮星。黄矮星一般寿命约为 100 亿年，太阳现在大约 46 亿岁了。

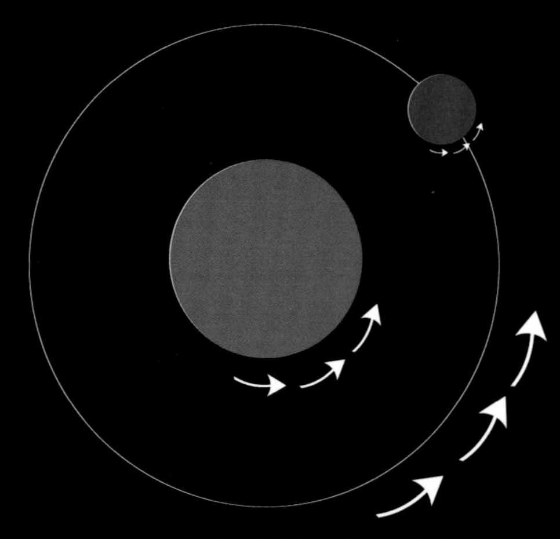

太阳也在自转，自转方向与

太阳能是一种绿色环保能源，太阳能

红巨星

红巨星是中老年时期的恒星。因为体积巨大，颜色是红色，所以被称为红巨星。

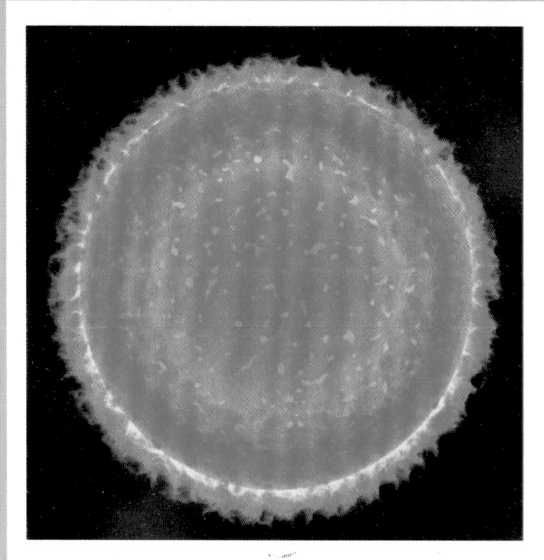

恒星成为红巨星的过程中，体积变大，外层与发热的核心区域距离较远，表面温度变低。

质量小的恒星，例如红矮星，会有一个特别漫长的稳定期，它们不会变成红巨星。

红巨星更为明亮，但不稳定，恒星处在红巨星时期的时间相对较短。

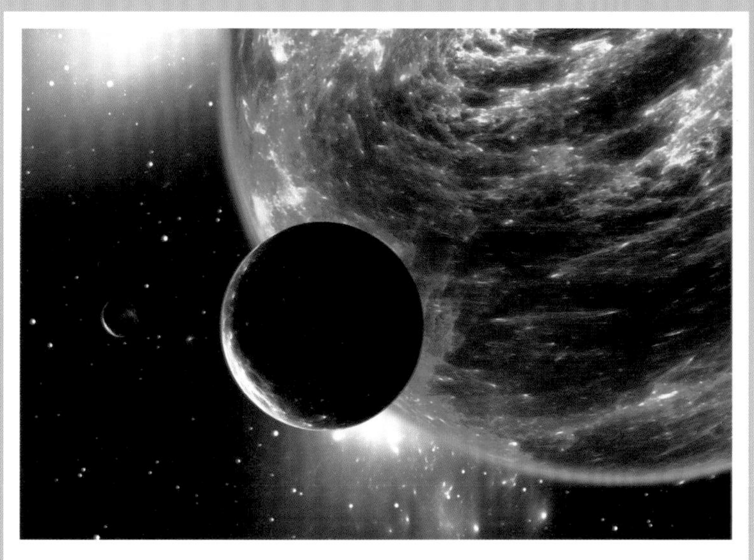

质量大的恒星，度过稳定的主序星阶段后，会膨胀成红超巨星，比一般的红巨星更大。

牧夫座的大角星是红巨星。

太阳将在大约 50 亿年后变成红巨星。

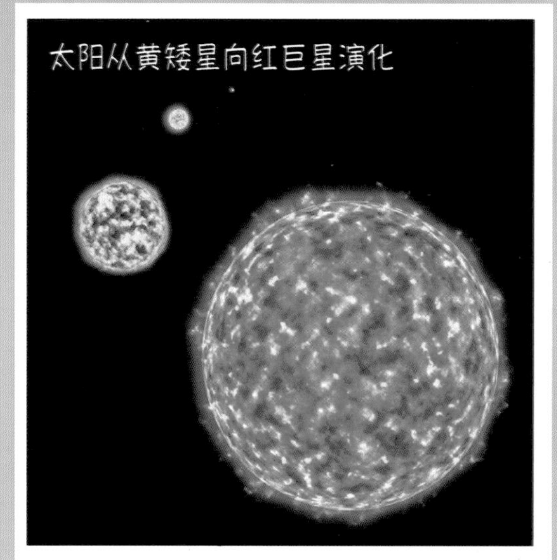

当太阳演化成红巨星时，体积将变得巨大。

白矮星

白矮星是恒星演化到末期的一种形态，它有很高的温度和密度。因为它外表呈白色，个头矮小，所以得名白矮星，也叫简并矮星。

白矮星的体积很小，大小与行星相似，平均半径小于 1000 千米。

红巨星不稳定，半径时大时小，内部反应也时强时弱。红巨星外壳迅速膨胀时，内核却在剧烈收缩，内部密度增大到一定程度时，便形成了白矮星。

白矮星刚形成时温度非常高，但它不再产生能量。白矮星的热量会逐渐释放，最终冷却变暗，成为黑矮星。由于这一过程非常漫长，宇宙还很年轻，目前还没有黑矮星形成。

白矮星表面的重力非常大，一颗与地球大小相似的白矮星，表面重力是地球的 18 万倍。地球上的物体到了白矮星，体重会是地球上的 18 万倍，任何物体到了白矮星上都会被压碎。

钻石星球

钻石是由碳元素构成的。恒星中的碳元素含量较高时，内部可能会形成厚厚的钻石层。位于半人马座的白矮星 BPM37093，就是一颗钻石星球。BPM37093 距离地球约 50 光年，它的钻石内核直径达 3000 千米。

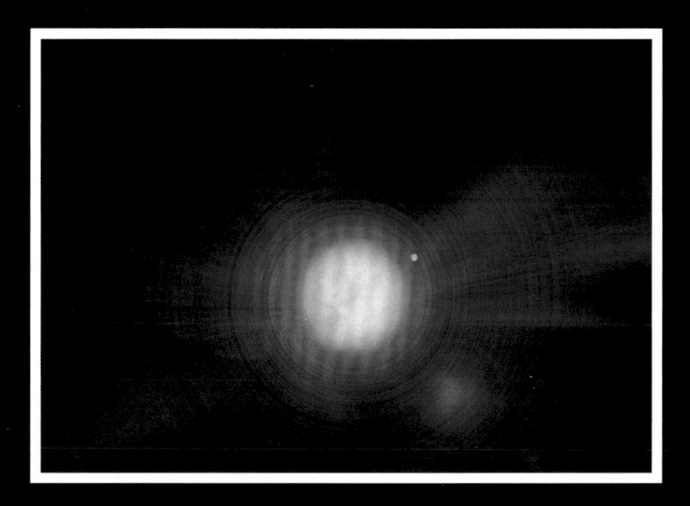

天狼星

天狼星是一个双星系统，由天狼星 A 和天狼星 B 组成。其中体积特别小的天狼星 B 就是一颗白矮星，且是人类发现的第一颗白矮星。

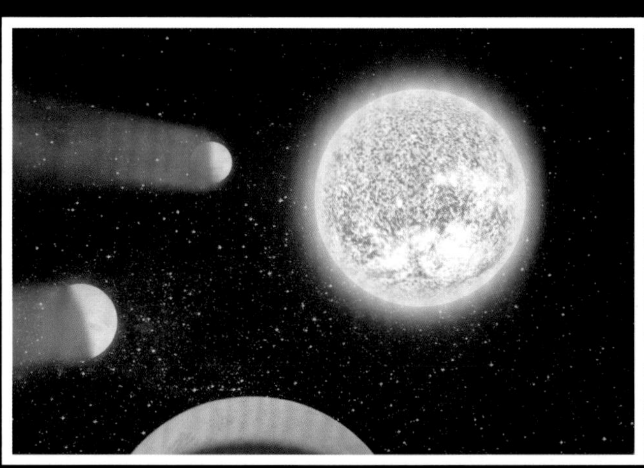

若白矮星质量继续增大，就可能会坍缩成中子星或黑洞。

哑铃星云，又叫 M27 或 NGC 6853，它中心是一颗白矮星，这颗白矮星是目前发现的最大的白矮星。

超新星

恒星演化至末期，发生剧烈爆炸，这种现象叫作超新星爆发。爆炸的恒星被称为超新星。

超新星爆发时，发出极其明亮的光，并持续几周至几个月。爆发期间，超新星辐射的能量相当于太阳一生辐射的能量。

恒星质量达到 8 ~ 15 倍太阳质量时，才有可能变成超新星。

超新星爆发的结果有两种：恒星爆炸粉碎，弥散为星际物质，结束恒星的生命；或者外层抛散出物质形成星云，中心坍缩为致密天体。仙后座A的形成就属于后者。

科学家推测，在与银河系大小类似的星系中，大概 50 年会发生一次超新星爆发。

激波暴

超新星爆发时，恒星内核会向外发射激波。当激波冲出恒星表面时，会产生明亮的闪光，这种现象成为激波暴。

超新星爆发的冲击波会压缩周围星云等物质，有利于新的恒星产生。

一般认为，如果恒星质量超过 50 倍太阳质量，就会跳过超新星阶段，直接坍缩成为黑洞。

中子星

中子星是超新星爆发后留下的致密天体，只有极少数恒星会成为中子星。

中子星密度非常大，是除黑洞之外密度最大的天体。

中子星上乒乓球大小的一块物质，就跟地球上一座山的质量一样。

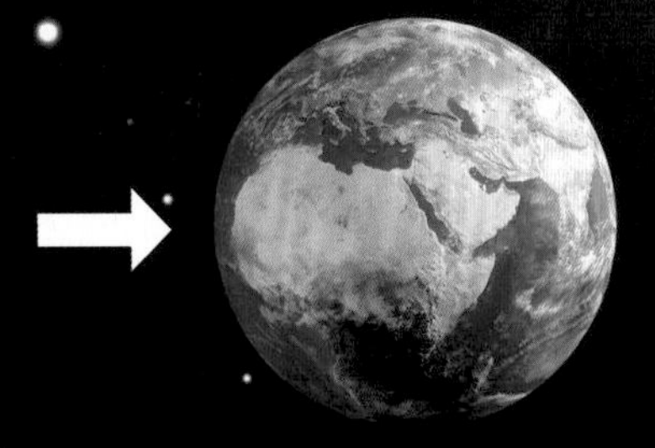

如果把地球压缩成中子星的密度，地球的直径将只有 22 米。

中子星的密度之大使得其质量也非常大，由此产生的巨大的引力使光线呈抛物线挣脱。

中子星的体积很小，典型的中子星直径只有 10 千米。

中子星能量辐射特别强，其一秒内辐射的能量如果转化为电能，足够我们用几十亿年。

中子星的外壳由固态的铁元素组成，厚度可达 1 千米。

组成中子星的物质靠引力结合在一起。

脉冲星

脉冲星就是高速旋转的中子星。它会周期性地发出电磁脉冲信号，因而叫作脉冲星。

脉冲星的自转

恒星的体积和质量越大，自转周期就越长。太阳自转一周要25.4天，而脉冲星竟然只要0.0014秒就可以自转一周。

脉冲，是指像人的脉搏跳动那样，强弱交替的无线电信号。

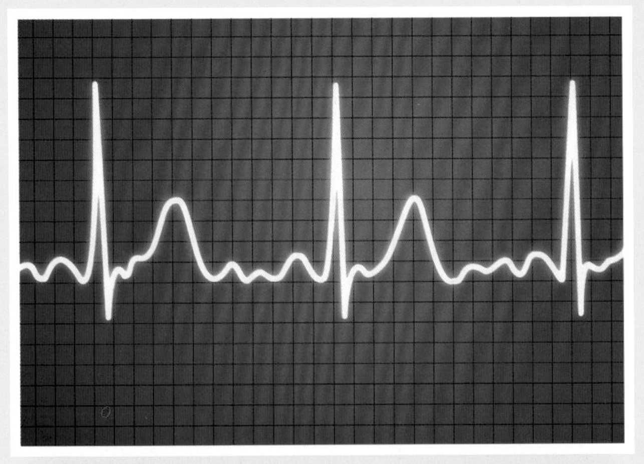

脉冲星并非或明或暗地闪烁发光，而是恒定地发射出像手电筒的光线一样的非常窄的光束。光束向太空扫射时，偶尔会扫射到地球，被人类探测到，就是有规律的脉冲信号了。

规律性重复的脉冲信号中，一个完整脉冲所用的时间叫作脉冲周期。脉冲星的脉冲周期短而稳定，其最长的脉冲周期也不到12秒。

脉冲星的光和太阳的光

脉冲星的光只能从两个磁极向两个相反的方向发出，而太阳的光是从表面向所有方向辐射。

太阳

脉冲星

1967 年被发现的第一颗中子星就是一颗脉冲星，它的脉冲周期是 1.337 秒。

脉冲星的自转会逐渐变慢，周期会变长，因而周期短的脉冲星更年轻。从脉冲星的周期可以推算它的年龄。

蓝矮星

蓝矮星呈蓝色或蓝白色，虽然叫“矮星”，但并不矮小。蓝矮星质量大，亮度高，温度也高。

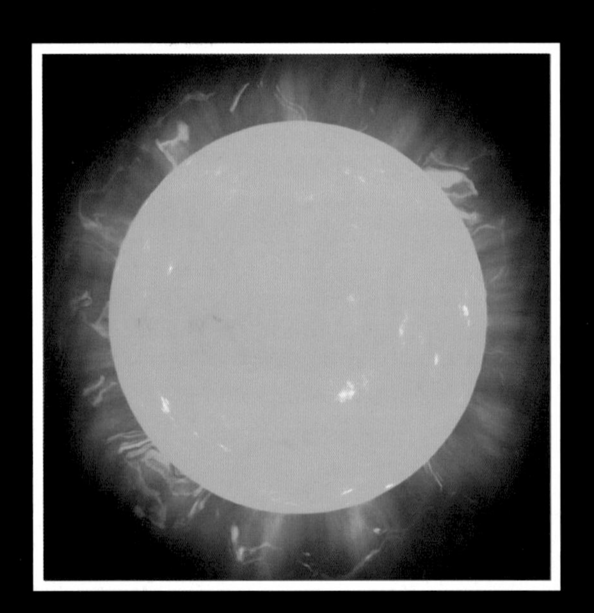

天狼星 A 是人类肉眼可见的最亮的一颗恒星，它是典型的蓝矮星。

黄矮星

黄矮星的质量约为太阳的 1～1.4 倍，寿命约为 100 亿年。

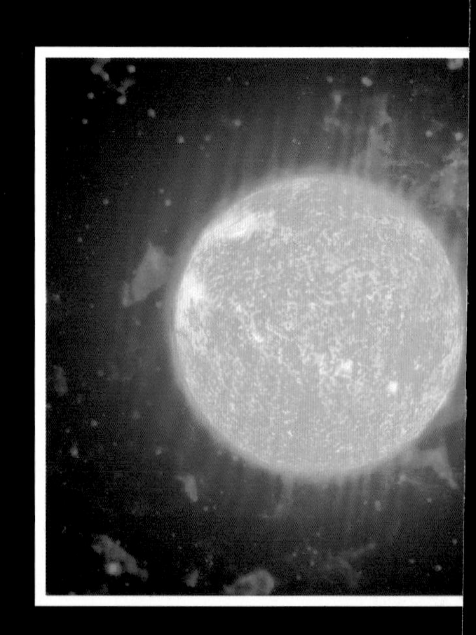

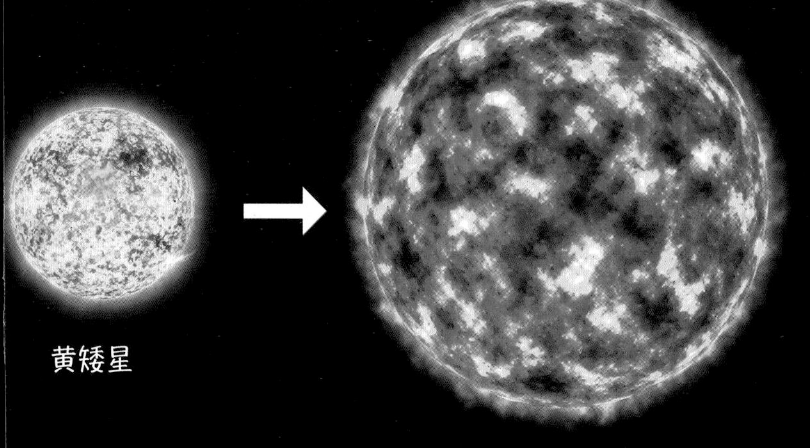

黄矮星度过主序星阶段后，会成为红巨星。

红矮星

红矮星是一类体积小、质量小、温度低的恒星。在银河系的恒星中，红矮星的数量是比较多的，约占 75%。

红矮星寿命长，可存活数百亿年，现在还没有接近死亡的红矮星。比邻星便是一颗红矮星。

白矮星、褐矮星、亚矮星、黑矮星虽然也叫“矮星”，但不具备矮星的典型特征，并不属于矮星。

变星

变星是某些不稳定的恒星，它们经常发生亮度、电磁辐射或其他方面的变化。

分类

按照光度变化特点，可将变星分为食变星、脉动变星和爆发变星。

食变星

食变星又称交食双星、食双星、光度双星等，是一种双星系统。食变星的两颗子星围绕着公共质心旋转。当一颗星绕到另一颗星前面时，会遮住那颗星的光芒，这就使两颗星的光度发生了周期性的变化。

脉动变星

指体积做周期性膨胀和收缩的变星。银河系已发现约 1.4 万颗脉动变星。脉动变星的周期，有的小于 1 小时，有的长达几百天。

北极星是脉动变星。

麒麟座 V838 是一颗红色脉动变星。

参宿四也属于脉动变星。

爆发变星

爆发变星指一种亮度突增的变星。广义指亮度变化起因于气壳，或星面附近，或恒星内部发生的爆发活动的变星。例如耀星会在几十秒内突然变亮，维持几十分钟，又慢慢复原。新星、超新星、类新星、矮新星、耀星等都属于爆发变星。

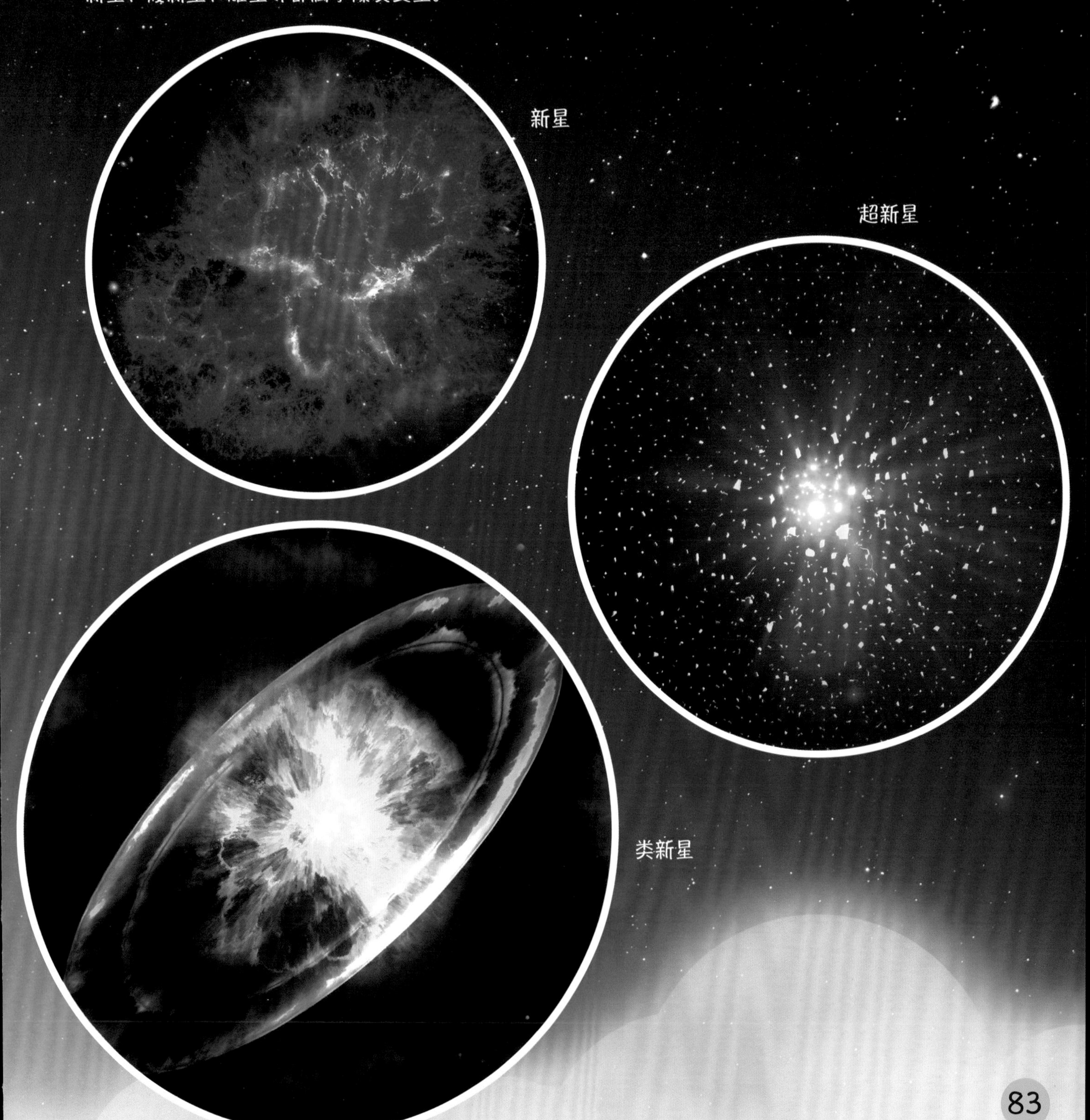

星座

星座是指恒星在天空背景投影位置的分区。

星座可以用来确定方向，在航海学领域被广泛应用。

同一星座的恒星在人们的视觉上很接近，但实际上它们可能并不是同一个星系的，相距非常远。

不同文明、不同国家，对星座的划分是不同的。因而在 1930 年，国际天文联合会把天空中的星体分成了 88 个星座，划定了精确的边界。

88 个星座被划分在五大区域内。

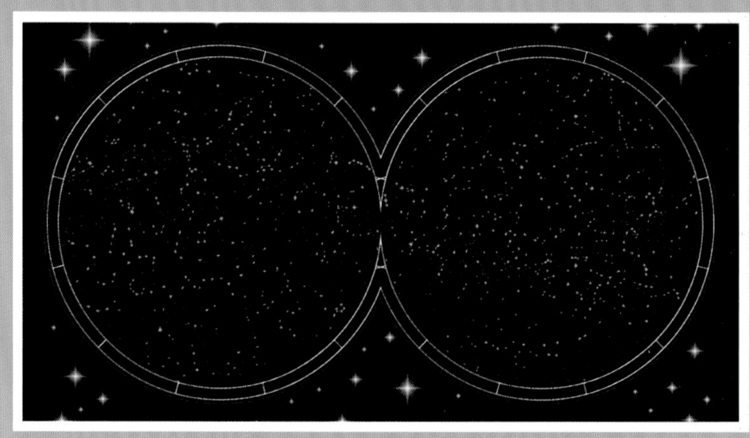

北半球星座　　南半球星座

北天拱极星座

北天拱极星座有 5 个，分别是小熊座、大熊座、仙后座、天龙座、仙王座。

仙后座很容易被辨认，仙后座的几颗亮星排列成“M”形（或者“W”形）。在秋季的夜空，仙后座更加明亮清晰。

北天星座

北天星座共 19 个，包括蝎虎座、仙女座、鹿豹座、御夫座、猎犬座、狐狸座、天鹅座、小狮座、英仙座、牧夫座、武仙座、后发座、北冕座、天猫座、天琴座、海豚座、飞马座、三角座、天箭座。

英仙座的最佳观测月份是 12 月。在夜空中可以看到，英仙座中几颗较亮的星组成一个“人”字形，或者弯弓形。

黄道十二星座

黄道十二星座共12个，分别是巨蟹座、白羊座、双子座、宝瓶座、室女座、狮子座、金牛座、双鱼座、摩羯座、天蝎座、天秤座、人马座。

狮子座是一个很明亮的星座，尤其在春季的夜晚，狮子座更容易被辨认。

赤道带星座

赤道带星座共10个，分别为小马座、小犬座、天鹰座、蛇夫座、巨蛇座、六分仪座、长蛇座、麒麟座、猎户座、鲸鱼座。

在地球上的大部分地区，都能看到夜空中的猎户座。星座中有4颗明亮的星，呈四边形分布，4颗星中，有3颗明亮的、排成一条直线的星。

南天星座

南天星座共42个，包括天坛座、绘架座、苍蝇座、山案座、印第安座、天燕座、飞鱼座、矩尺座、剑鱼座、时钟座、杜鹃座、南三角座、圆规座、蝘蜓座、望远镜座、水蛇座、南十字座、凤凰座、孔雀座、南极座、网罟座、天鹤座、南冕座、豺狼座、大犬座、天鸽座、乌鸦座、南鱼座、天兔座、船底座、船尾座、罗盘座、船帆座、玉夫座、半人马座、波江座、盾牌座、天炉座、唧筒座、雕具座、显微镜座、巨爵座。

水蛇座位于大麦哲伦星云和小麦哲伦星云之间，星座中最亮的3颗星组成了一个三角形。

星团

星团是指由十几颗至千万颗恒星组成的，有共同起源，相互间有较强力学联系的天体集团。

疏散星团

由十几颗至几千颗恒星组成的，外形不规则结构松散的星团，叫作疏散星团。

疏散星团之间引力比较弱，很容易被其他天体影响而分散。

疏散星团中恒星的颜色、亮度都不同，很容易用望远镜观测到。

球状星团

球状星团是由上万颗乃至几十万颗恒星组成的，外表像球形的星团。

由于受到引力作用，球状星团里的天体会比周边密集。

球状星团数量比较多，尤其在大的星系中。据估算，银河系中有 500 个球状星团，目前已确定的有 100 多个。

球状星团里的恒星，年龄比较大，大约在 100 亿岁。

同一个星团里的恒星有很多相似之处，很可能是同一时间段形成的。

运转的行星

我们已经了解了恒星是一种怎样的天体，那么你知道行星跟恒星有什么区别吗？行星是一种什么样的天体，它有什么特点呢？

什么是行星

行星是具有一定质量，本身不发光，围绕着恒星运行的近似球形的天体。

行星的特点

①是围绕恒星转动的天体。②质量足够大，外形接近球形。③具有清空轨道的能力，公转轨道附近不能有比它大的天体。

行星的产生

恒星旁的灰尘或小碎片不断碰撞、融合，越来越大，就形成了行星。

水星、金星、火星、木星、土星是我们肉眼可以看到的行星。

类地行星

类地行星包括水星、金星、地球和火星。类地行星很多特征跟地球类似，如距离太阳近，质量和体积相对较小，地貌特征也跟地球有相似之处。

水星

金星

地球

火星

巨行星

巨行星包括木星和土星。巨行星与类地行星有很大的不同。巨行星都是气态行星，体积、质量都很大，表面温度很低。

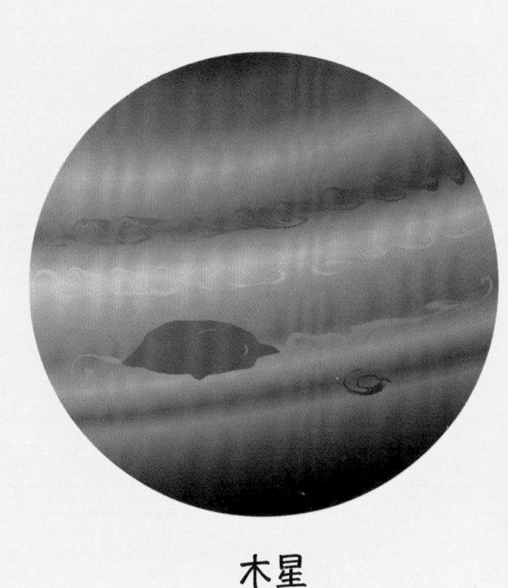

木星

土星

远日行星

天王星和海王星离太阳较远，称为远日行星。星球表面覆盖着冰物质。

天王星

海王星

行星环

行星环是围绕着行星运转的物质构成的环状带，这些物质被行星的引力吸引。

行星环形成的几种原因

①卫星被行星的引力撕碎，形成了行星周围的行星环。②行星周围的一个或多个天体，被流星撞碎。③太阳系形成早期残留的一些物质，受行星引力限制，无法融聚成卫星，最后形成了行星环。

木星、土星、天王星和海王星都有行星环。

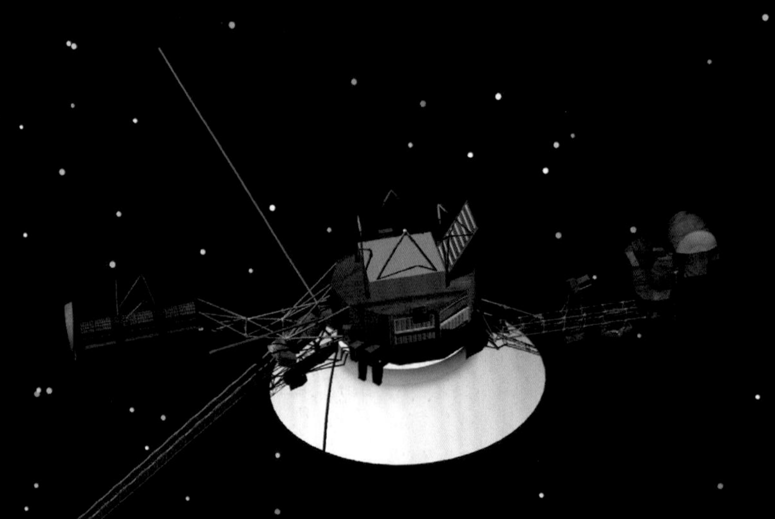

旅行者号探测器于1979年发现了木星环，这是太阳系第三个被发现的行星环。

木星环

木星的行星环是由黑色的碎石块儿组成的。黑石块不反光，因而木星环很暗，以至于很晚才被发现。

土星环

土星的行星环由无数块大小不等的冰块组成，在阳光的照射下发出不同颜色的光，非常美丽。

天王星环

天王星的行星环非常暗，即使用最大的望远镜也很难发现。环中大部分是尘埃，还有一部分石块和冰屑。

海王星环

1989年，“旅行者”2号探测器发现了海王星的行星环。海王星环由尘土构成，非常微弱，也非常黑暗。

水星

水星是离太阳最近的一颗行星，也是八大行星中最小的一颗。

水星体积真的太小了，木星体积是水星的 8000 多倍。

水星档案

直径：4878 千米

质量：3.3022×10^{23} 千克

自转周期：58.646 地球日

公转周期：87.9691 地球日

水星的地貌跟月球很像，有许多环形山，还有平原、盆地、裂谷等地形。

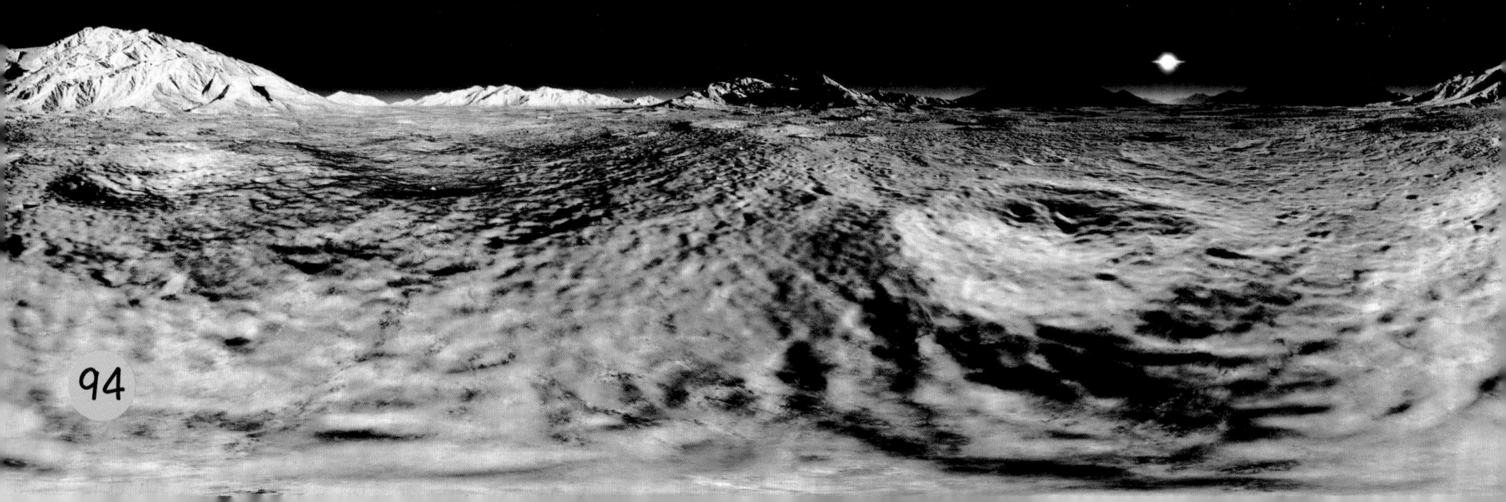

水星白天温度可达到427℃，晚上可降到-173℃，是八大行星中昼夜温差最大的。

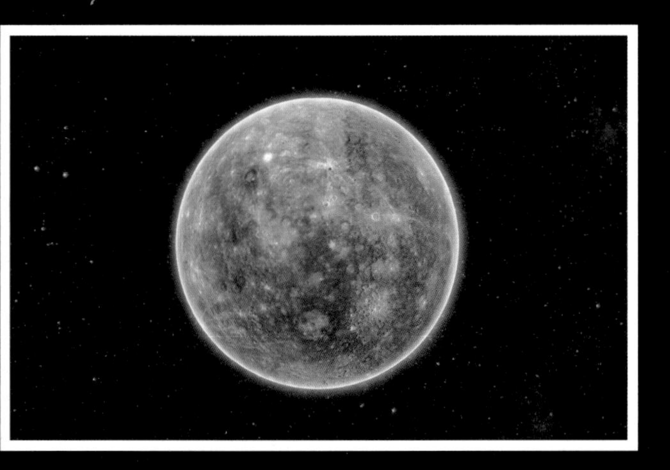

水星没有卫星。

水星的“一年”是太阳系中最短的，它绕太阳一周只要88天。而它自转一周竟然要58.6天！

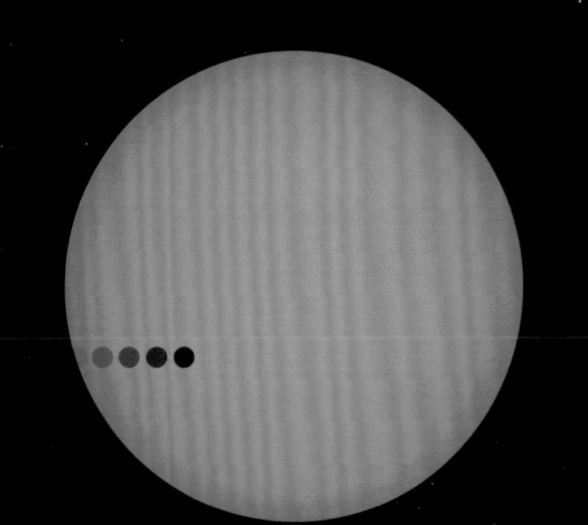

水星凌日

当太阳、水星、地球运动到一条直线上，且水星处于太阳和地球之间时，观察太阳，可以看到太阳上有一个缓慢移动的小黑斑，这种现象叫作水星凌日。

金星

金星在八大行星中离太阳第二近。我们清晨经常见到的启明星，

金星档案

直径：12103.6 千米

质量：4.869×10^{24} 千克

自转周期：243 地球日

公转周期：224.7 地球日

金星的自转方向跟地球是相反的。从金星上看，太阳是从西边升起的。

金星自转特别慢。金星绕太阳公转一周要224.7天，然而它自转一周竟然要243天！

除了太阳和月亮外，金星是整个天空中最亮的星体。

金星是太阳系中拥有火山最多的行星。

火星

火星是太阳系从内往外数第四颗行星。火星半径大约是地球的一半，质量只有地球的1/10。

火星档案

直径：6794 千米
质量：6.4219×10^{23} 千克
自转周期：24.6229 小时
公转周期：687 地球日

火星表层被红色的氧化铁覆盖，所以星球外表呈现红色。

火星有两个形状像土豆的天然卫星，较大的是火卫一，较小的是火卫二。

火星地形多样，有高山、平原、峡谷，地表沙石遍布。

火星上的一天是 24 小时 39 分钟，与地球的 24 小时接近。不过火星的一年可比地球的长多了，整整多了 322 天。

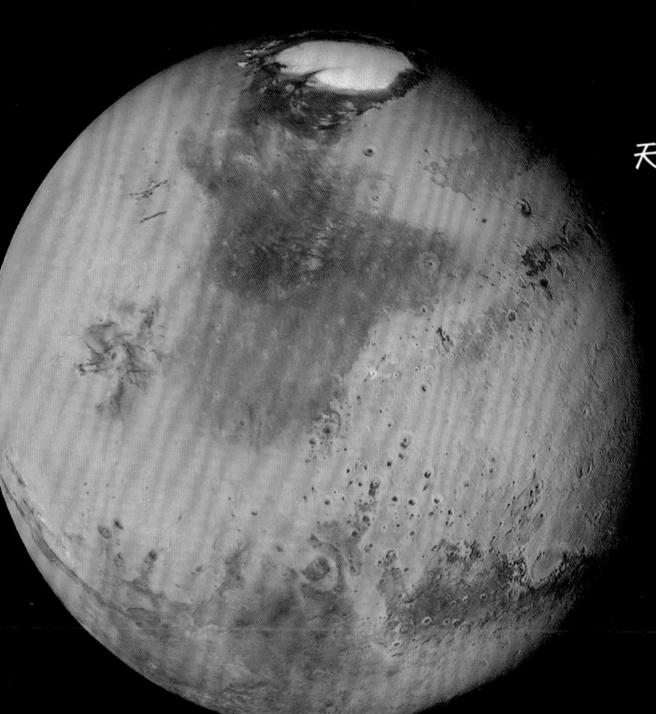

火星上也有四季。火星南北两极的冰盖，在夏天会缩小，在冬天则增大。

火星的大气非常稀薄，大气中的二氧化碳占 95%。

木星

木星是太阳系从内向外数第五颗行星。八大行星中，木星的体积最大，自转最快。

木星档案

直径：142987 千米

质量：1.90×10^{27} 千克

自转周期：9 小时 50 分 30 秒

公转周期：11.86 年

木星的大气中充满了气体和各色的云。木星表面那些深颜色的条纹，是较低较暗的云，较亮的条纹是上升的气体和云层。

木星表面可以看到一个大红斑，它实际上是木星上最大的风暴气流，长 4 万千米，宽 1.3 万千米。

木星上白色或棕色的鹅蛋形的物体，实际上也是一个个大风暴。这些风暴维持的时间长短不一。

木星的体积是地球的 1321 倍，它的质量是另外 7 颗行星质量总和的 2.5 倍。

木星已发现 79 颗卫星，是目前已知卫星最多的行星。

木星极光

木星的磁场强度大，范围广，它的磁气圈是太阳系中最大的，两极极光的强度能够达到地球的 100 倍。

木星表面有非常浓厚的气体，没有陆地，气体深处是液态的氢组成的海洋，可能有一个石质的内核。

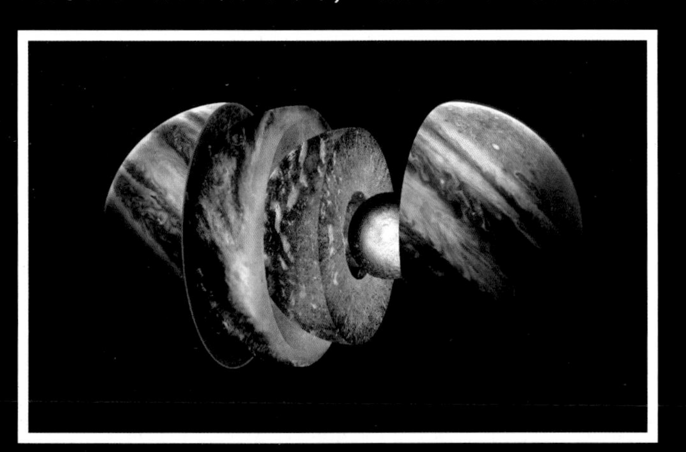

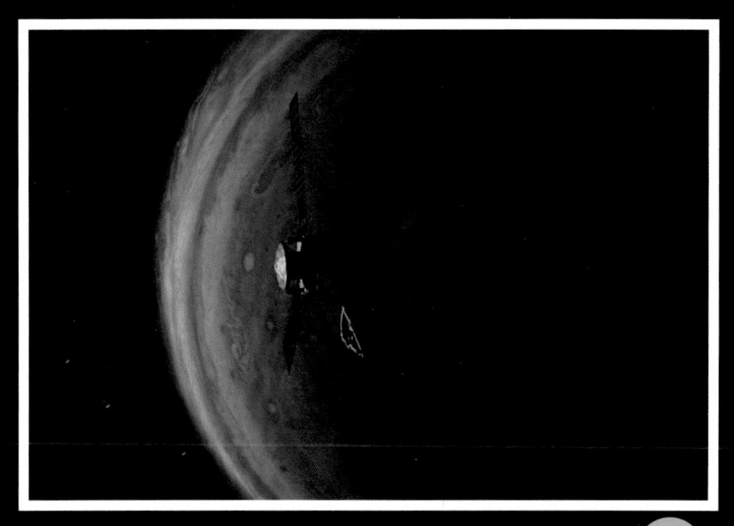

土星

土星是太阳系由内往外数第六颗行星，在八大行星中体积仅次于木星。

土星档案

直径：120540 千米
质量：5.688×10^{26} 千克
自转周期：10.546 小时
公转周期：29.53216 年

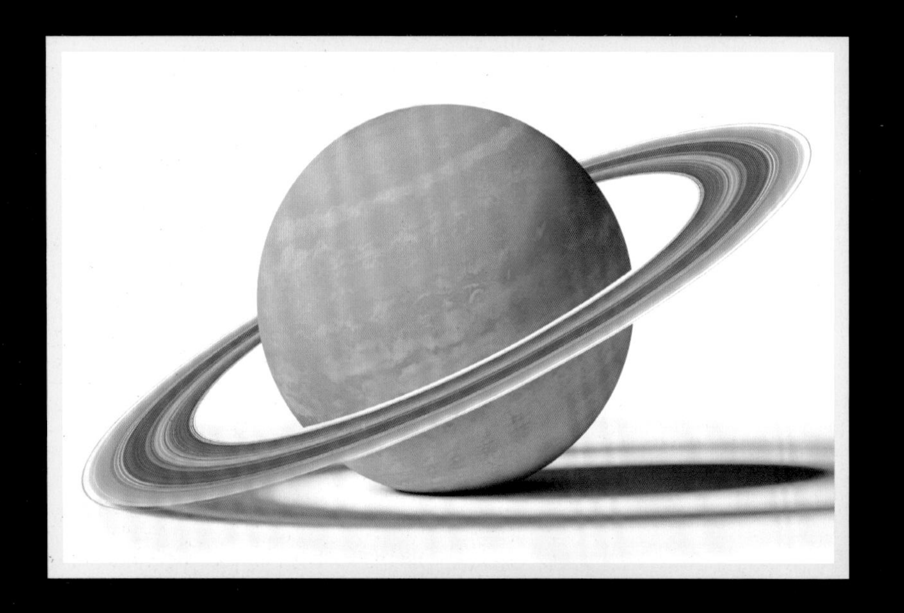

土星上的风速比木星的还要快，可达到每小时 1800 千米。

土星 29.5 年才能绕太阳一圈，一个季节长达 7 年！土星离太阳太远，因而一年四季都很寒冷。

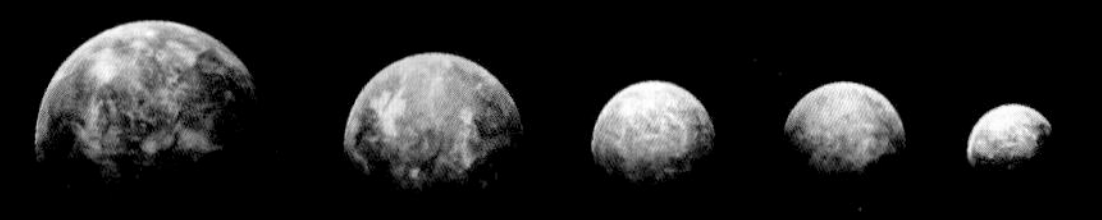

土卫五　土卫八　土卫四　土卫三　土卫二

土卫六

土星的部分卫星

土星的卫星数仅次于木星，已确定的有62颗。

从土星的一颗卫星上看土星

土星两极的极光

土卫六是土星最大的卫星，也是太阳系第二大的卫星（木卫三是太阳系最大的卫星），它拥有大气层。

天王星

天王星是太阳系由内往外数第七颗行星。

天王星档案

直径：51118 千米

质量：8.6810×10^{25} 千克

自转周期：17 时 14 分 24 秒

公转周期：84.3 年

天王星几乎是“躺着”绕太阳公转的。在太阳系形成初期，可能有一颗小行星撞击了天王星，将它撞倾斜了。

天王星在八大行星中体积第三大。

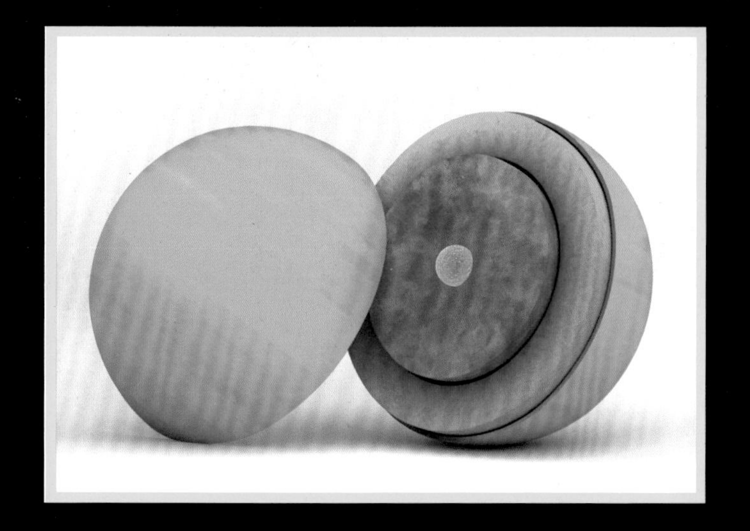

天王星是太阳系最冷的行星。它没有固体外壳。外层是气体，中间是稠密的水和氨组成的海洋，核心是由岩石构成的。

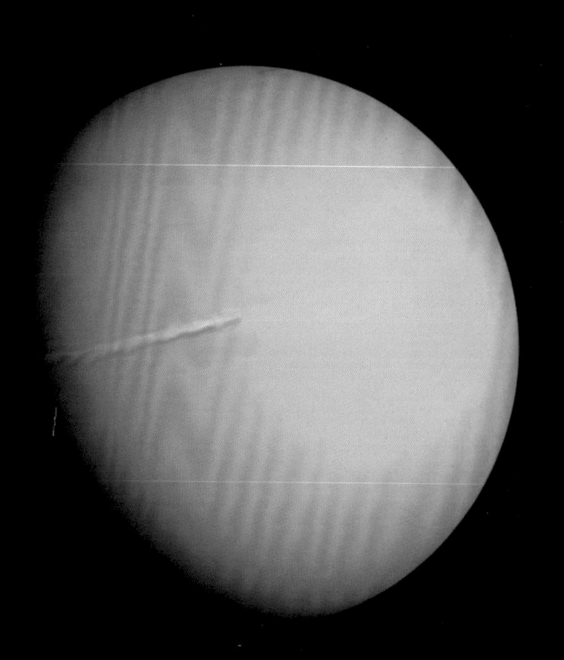

天王星大气中的甲烷，使它呈现蓝绿或深蓝色。

天王星 84 年绕太阳公转一周。由于天王星“躺着”自转，它的两极会接连出现 42 年的极昼和 42 年的极夜。

天王星的卫星

天王星目前已知共有 27 颗天然卫星。

天卫三

天卫四

天卫二

天卫一

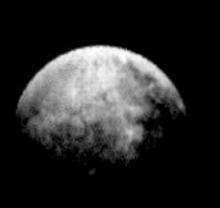

天卫五

天王星的部分卫星

海王星

太阳系八大行星中，海王星离太阳最远。

海王星档案

直径：49532 千米

质量：1.0247×10^{26} 千克

自转周期：15 小时 57 分 59 秒

公转周期：164.79 年

海王星比较暗，用肉眼看不到它，只有用天文望远镜才能看到它。

海王星大气中含有微量甲烷，使它呈现蓝色。

海王星的发现，不是用望远镜观测到的，而是根据天王星的运动规律，用数学推导出来的。

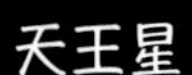
天王星

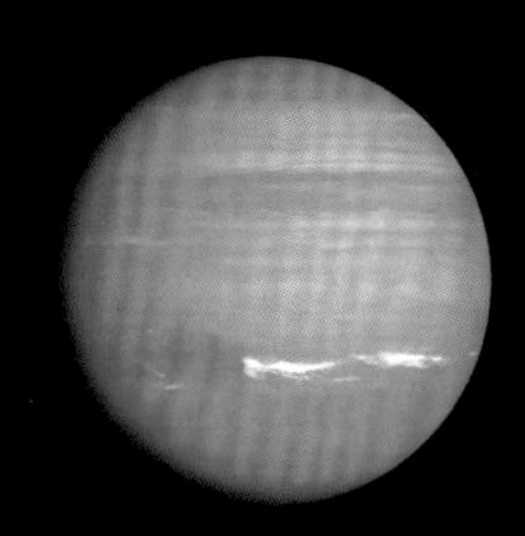
海王星

海王星不到 16 小时就能自转一周，但它的公转周期很长，需要 60148.35 天才能公转一周。

海王星已知的天然卫星有 14 颗，其中海卫一是唯一形状为球体的，其他均为不规则状。

1989 年，“旅行者”2 号航天器在海王星上发现了一个大黑斑。大黑斑是海王星上的一个大风暴，范围有一个地球那么大。不过几年后大黑斑就消失了。

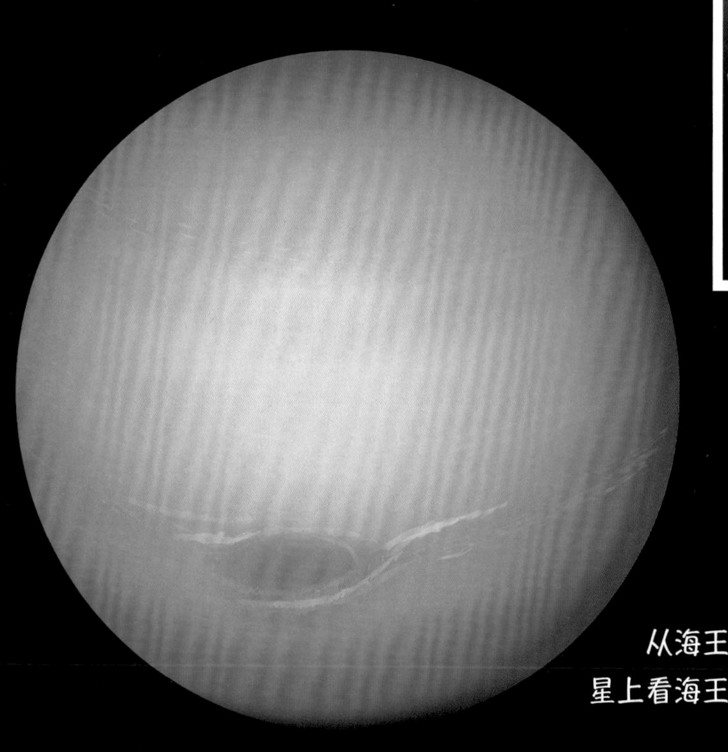

从海王星的卫星上看海王星。

小行星

小行星是在太阳系内像行星一样绕着太阳运动，但体积和质量比行星小得多的天体。

到 2018 年，太阳系内共发现了约 127 万颗小行星。

绝大部分小行星直径小于 100 千米，所有小行星的质量加起来还没有月球的质量大。

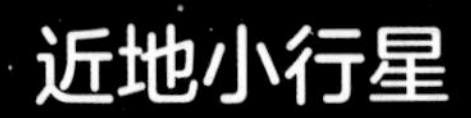

近地小行星

有的小行星轨道与地球相交，它们被称为近地小行星。这些小行星可能会撞击地球。根据运行轨道的不同，近地小行星分为阿登型小行星、阿莫尔型小行星和阿波罗型小行星三类。

大约 90% 的小行星都位于小行星带。

小行星进入大气层会形成流星。

小行星撞击地球想象图

一些较大的小行星的撞击可对地球造成致命伤害。历史上曾经发生过小行星撞击地球的实例，还有不少小行星与地球“擦肩而过”。

1991 年，“伽利略”号第一次拍摄到高分辨率的小行星照片。此后，“会合 - 舒梅克”号、“深空”1 号、“星尘”号、“隼鸟”号、“罗塞塔”号、“黎明”号太空探测器都在不同时期对小行星进行过观测。

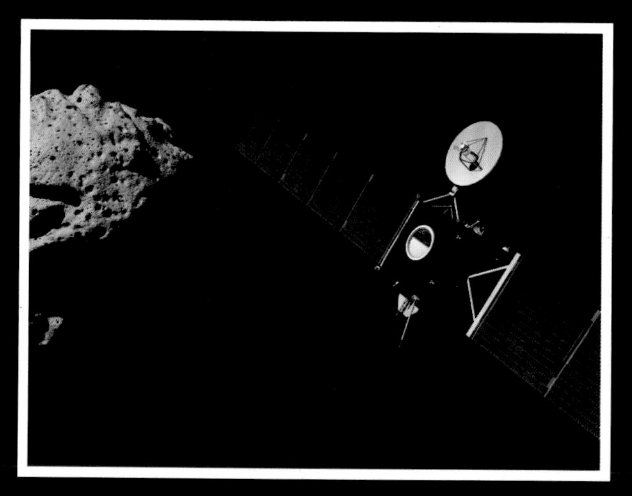

罗塞塔号

小行星

矮行星

矮行星是太阳系内的一类天体，体积介于行星和小行星之间。

矮行星需要符合的条件：①围绕着太阳运转。②形状接近球形。③没有能力清除轨道上其他小天体。④不是行星的卫星，或其他类型的天体。

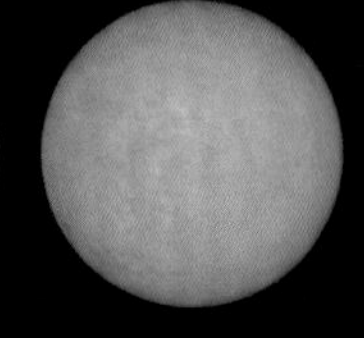
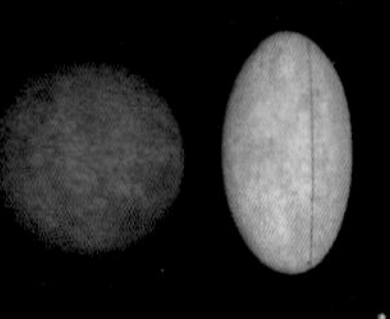

冥王星

冥王星是体积最大的矮行星。冥王星的公转周期是 248 年，自转周期是 6 日 9 小时 17 分 36 秒。目前已发现冥王星有 5 颗天然卫星。

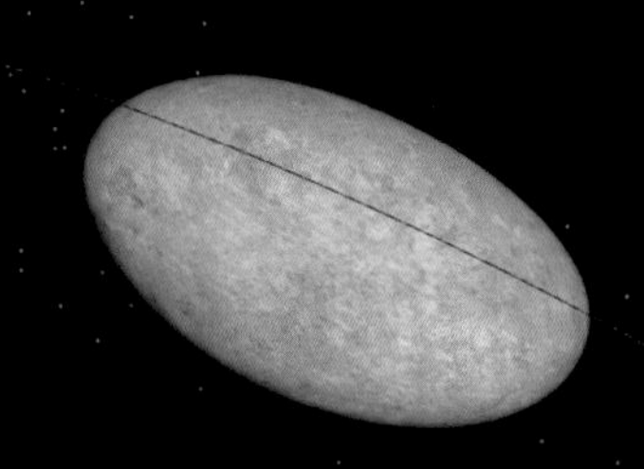

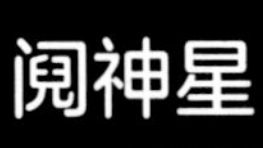

阋神星

阋神星是第二大的矮行星，它能够反射大量光线，显得非常明亮。阋神星与太阳的距离是冥王星与太阳距离的三倍，它 557 年绕太阳公转一周。阋神星有 1 颗卫星。

妊神星

妊神星是太阳系第四大矮行星，质量只有冥王星的 1/3，外表是椭球形。妊神星 3.9 小时就可自转一周。因表面的冰物质反射光线，妊神星比较明亮。

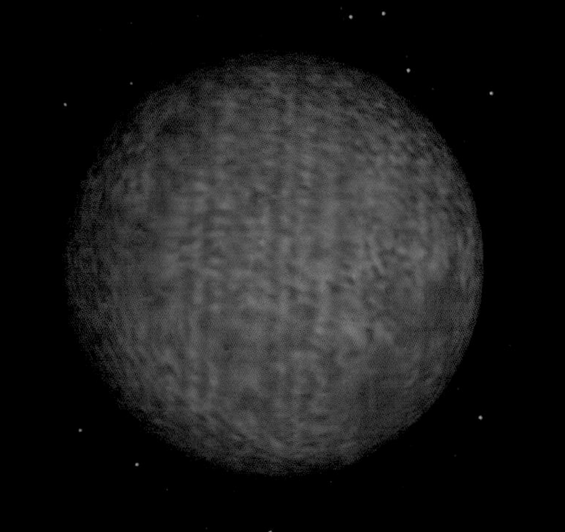

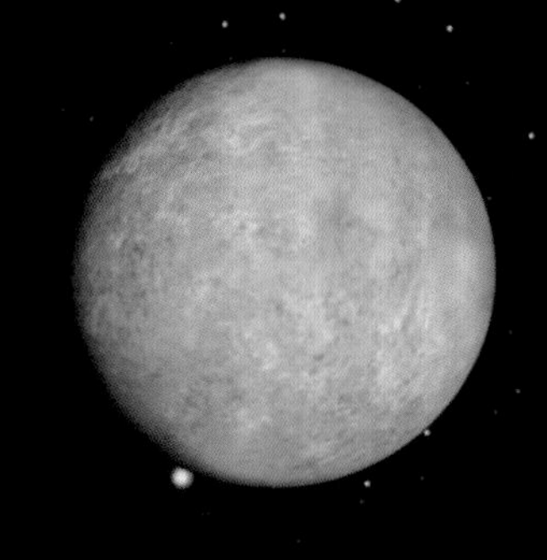

鸟神星

鸟神星是太阳系第三大矮行星，直径约为冥王星的 2/3。它的公转周期约为 310 年。目前发现它有 1 颗卫星。

谷神星

谷神星是太阳系最小的矮行星，位于小行星带。它的公转周期是 4.6 年，自转周期是 9 小时 6 分。观测发现，谷神星上存在水。

矮行星与地球大小的对比

冥王星

在围绕太阳运动的天体中，冥王星的体积排第九。冥王星曾被认为是太阳系第九大行星，后来在2006年被划为矮行星。

冥王星档案

直径：2298千米
质量：1.473×10^{22}千克
自转周期：6日9小时17分36秒
公转周期：248年

冥王星存在大气层，主要成分和地球一样是氮气，还含有一氧化碳和甲烷。冥王星的大气层比较稀薄。

冥王星表面的温度约为－220℃，它由岩石和冰水构成。

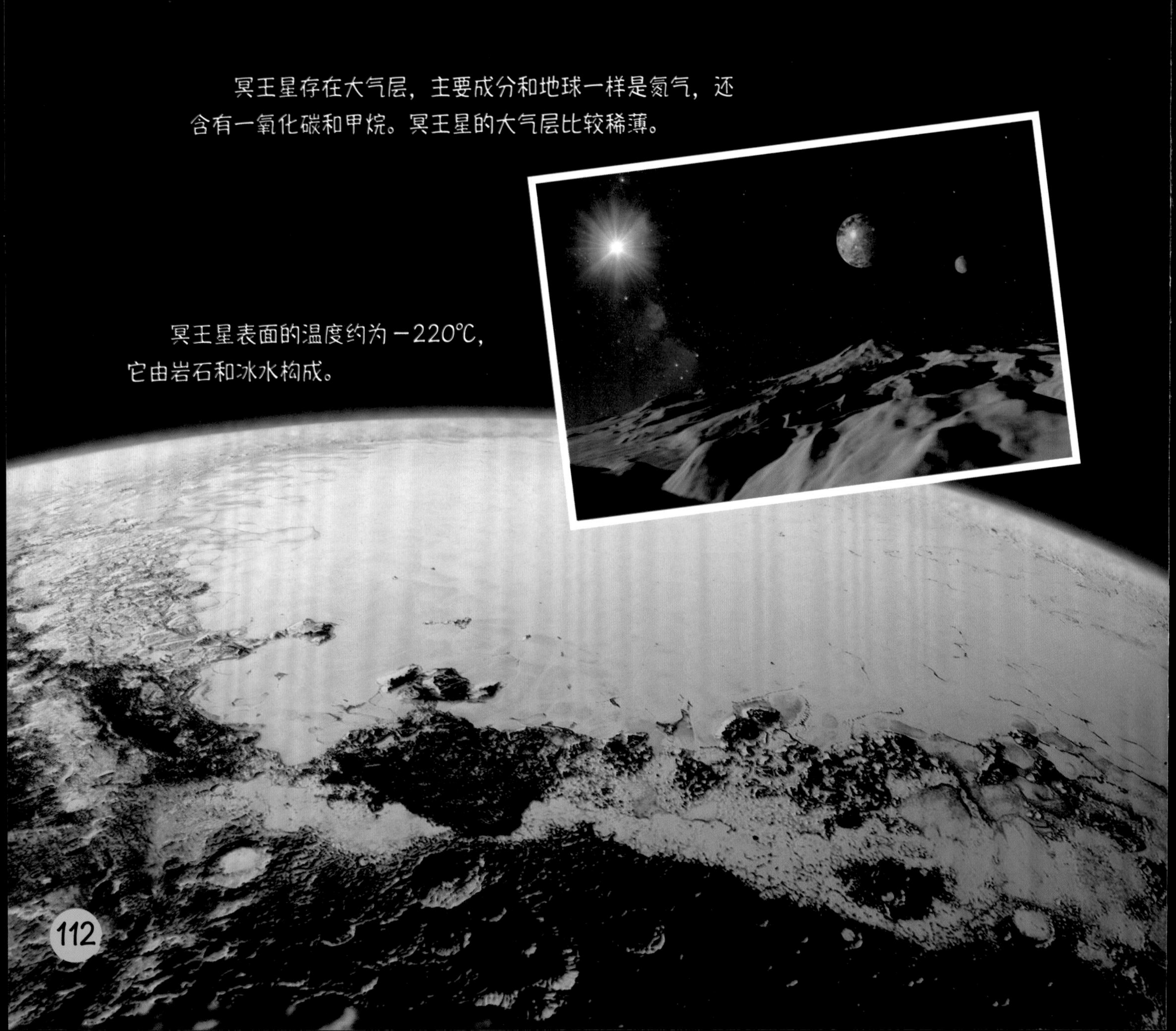

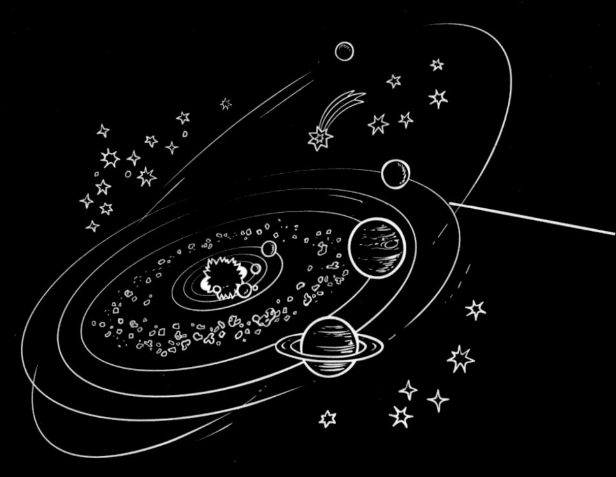

冥王星的轨道是一个比较扁的椭圆形。它离太阳最近时是 44.3 亿千米，最远时是 73.1 亿千米。

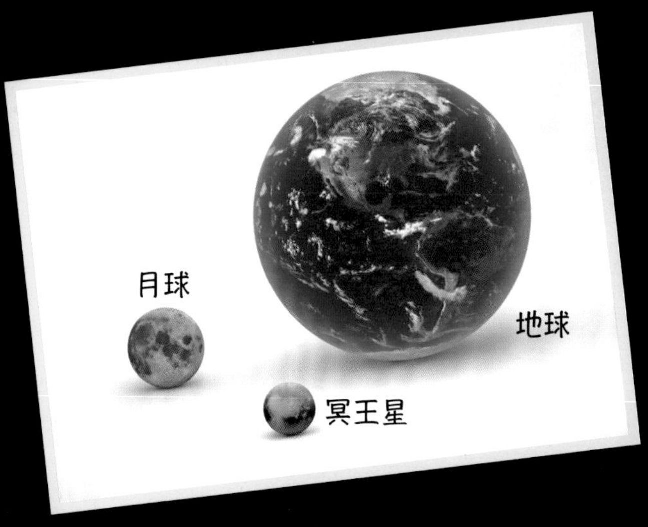

冥王星是美国天文学家汤博在 1930 年发现的。由于冥王星太暗，不便于观测，一开始没有正确估算出它的大小，以为它比地球还大。天文学家经过几十年的观测，发现它其实比月球还要小。

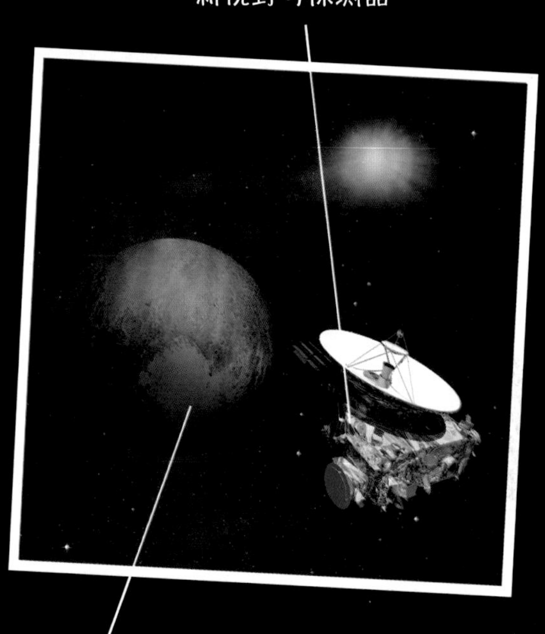

冥王星表面有一块形状像心形的区域，“新视野”号探测器在这片心形区域发现了冰原。

冥王星的卫星

冥王星目前已知共有 5 颗天然卫星。其中最大的一颗是冥卫一，又叫卡戎。

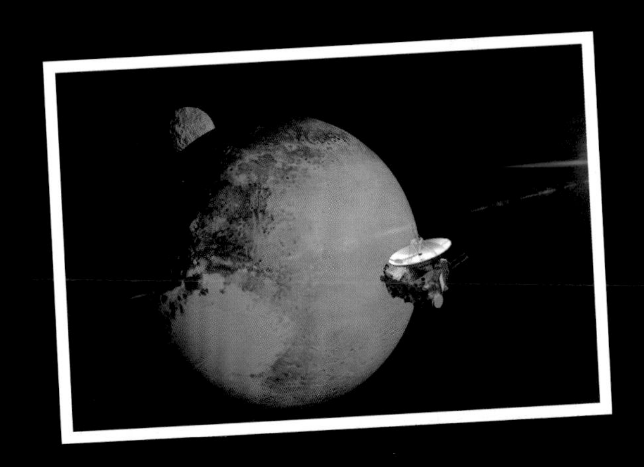

从卡戎上看冥王星。

人类家园

地球是已知唯一有生命存在的星球，它是人类赖以生存的家园。地球上有山川河流、花鸟植被，各种生物在地球上生息繁衍。

行星地球

地球是太阳系由内向外第三颗行星，距离太阳1.5亿千米。

地球档案

直径：12756千米

质量：5.965×10^{24}千克

自转周期：23小时56分4秒

公转周期：365.24219天

地球的形状

地球是一个不规则的椭圆球体，赤道略鼓，两极稍扁，它的平均半径约为6371千米，表面积为5.1亿平方千米。

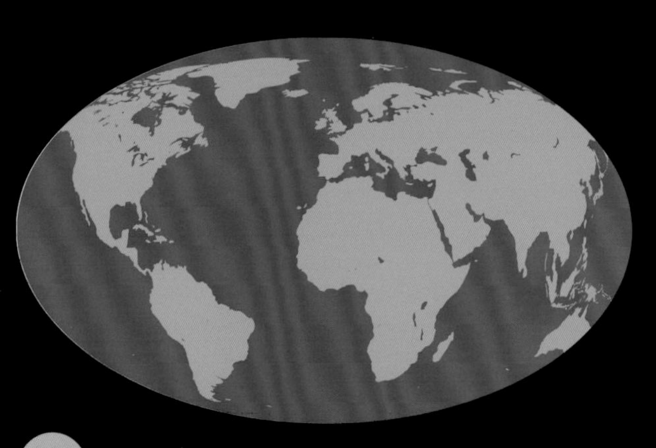

麦哲伦完成了人类历史上第一次环球航行，用实践证明了地球是圆球形的。

地球表面海洋大约占71%，陆地大约占29%。

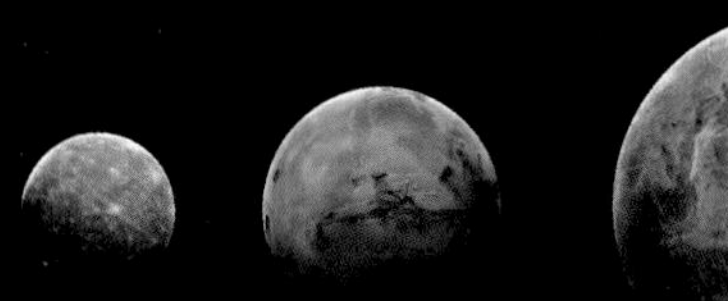

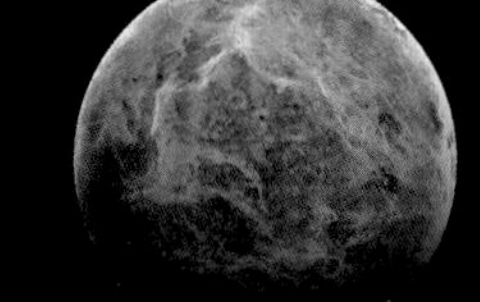

地球是 4 个类地行星中直径最长，质量和密度最大的。

地球结构

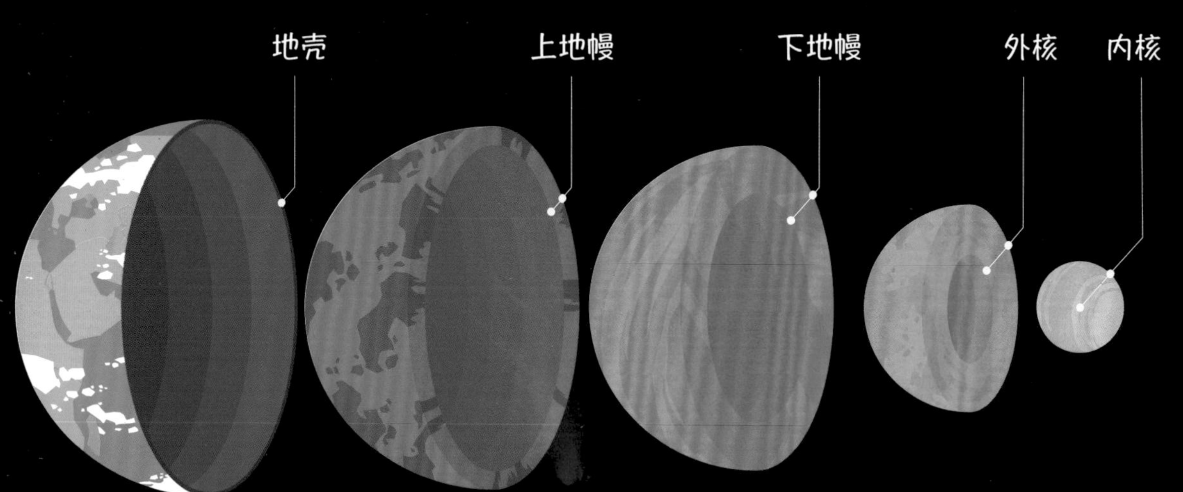

地壳

地壳是地球表层由岩石组成的固体外壳。地壳的厚度不均匀。海洋区域地壳厚度约为 6 千米，高山高原地区地壳厚度达 60 ~ 70 千米，地壳整体的平均厚度约 17 千米。地壳越往里，温度越高。

地核

地核是地球最内层的部分，质量占整个地球质量的 31.5%。地核又可分为外核和内核。外核可能是由液态物质构成的，内核可能是固态的。

地幔

地幔在地壳下面，是地球中间的圈层，厚度约为 2865 千米。地幔可分为上地幔和下地幔两部分。

最高点和最低点

珠穆朗玛峰是地球上的最高点，高 8848.86 米；西太平洋的马里亚纳海沟是地球的最低点，最深处可达 11034 米。

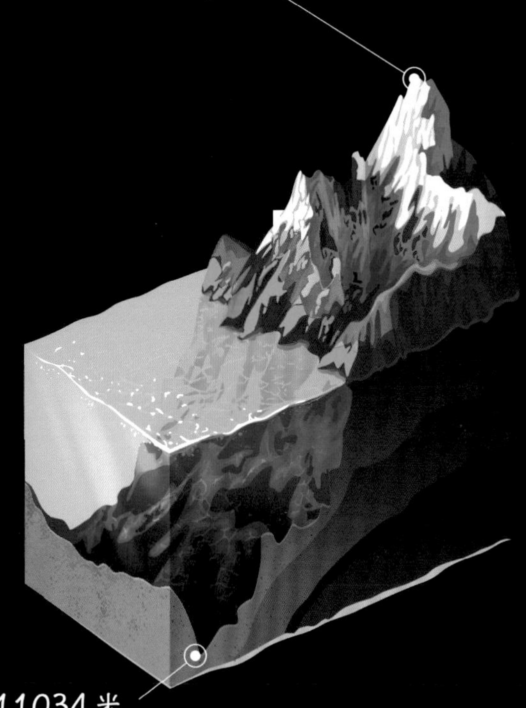

地球简史

地球大约在 46 亿年前诞生于原始的太阳星云。

地球的形成

最开始地球是一个炽热的液体球，随着时间的推移，温度下降，形成了固态地核，重的物质向地心移动，轻的物质浮在地表。地层中释放的气体形成了大气层。高温下，大量水汽蒸发，在空中凝结成雨滴，之后形成了海洋。

地球演变经历的四个时期

冥古宙

从地球诞生开始，至38亿年前结束。这一时期大量小行星与彗星撞击地球。

太古宙

结束于25亿年前。这一时期，大气开始含有丰富的氧气，原始生命出现。

元古宙

约25亿年前至5.7亿年前。许多重要的矿物元素在这一时期形成。

显生宙

高等动物开始出现。发生多次地壳运动与气候变化。显生宙延续至今。

根据地质年代的划分，显生宙又可分为古生代、中生代和新生代。

古生代可分为寒武纪、奥陶纪、志留纪、泥盆纪、石炭纪、二叠纪；中生代可分为三叠纪、侏罗纪、白垩纪；新生代可分为古近纪、新近纪、第四纪。

志留纪时期，海洋生物进一步发展，陆生植物出现。

寒武纪产生了很多具有坚硬外壳和内骨骼的海洋生物。三叶虫就是其中的代表。

恐龙是生活在中生代的生物。

新生代开始于约六七百万年前。新生代动植物种类繁多，地球的面貌已逐步接近现代。

生命诞生

地球上的生命大约出现在38亿年前。一直到大约6亿年前，地球上几乎只有单细胞生物。

原核生物

原核生物可能出现在35亿年前。原核生物是一种单细胞生物，一个细胞就是一个个体，没有成形的细胞核。常见的原核生物有衣原体、支原体、细菌、蓝藻、放线菌等。

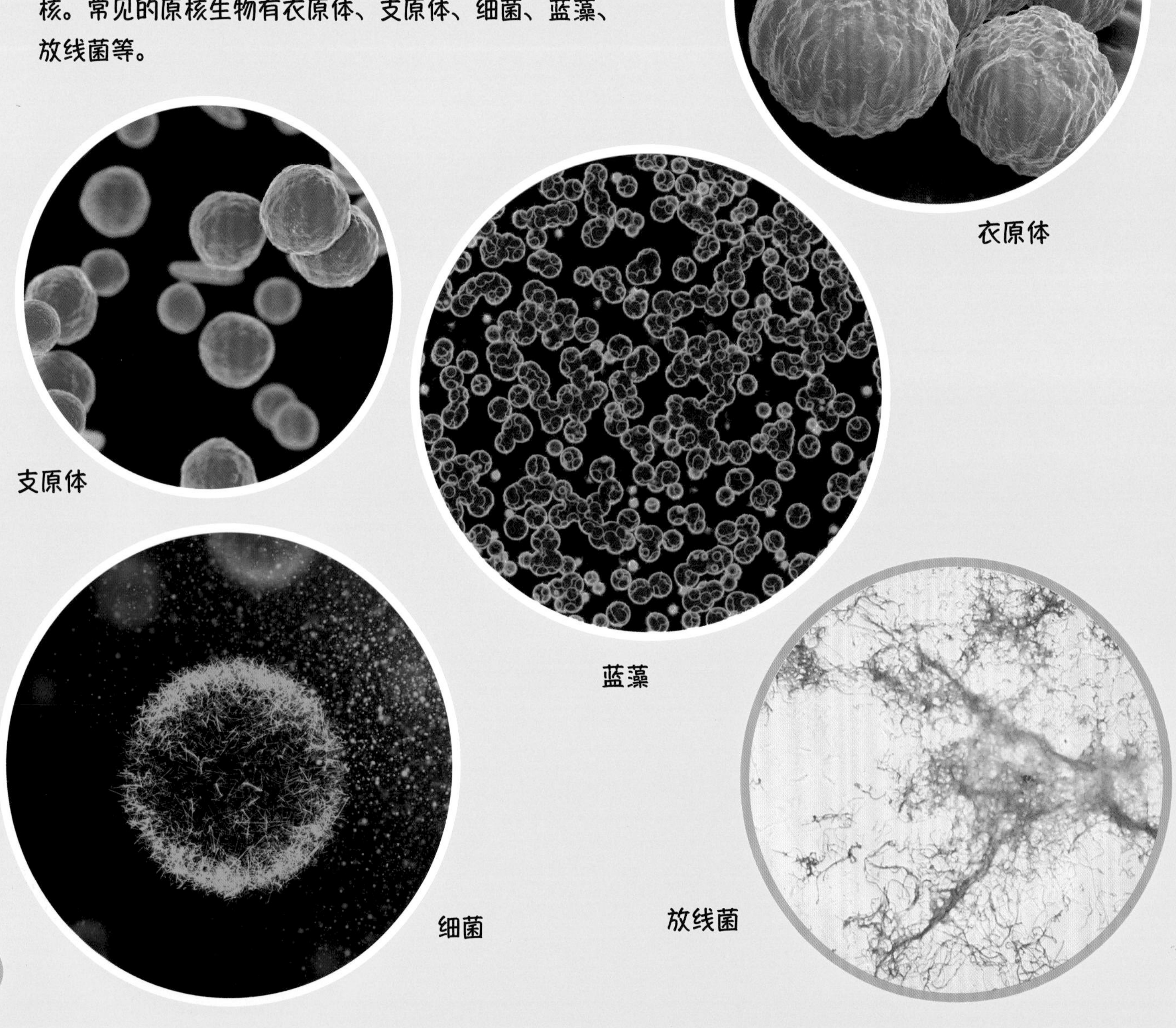

衣原体

支原体

蓝藻

细菌

放线菌

真核生物

与原核生物不同，真核生物的细胞有细胞核。早期的真核生物是单细胞的，后来逐渐演变出了多细胞的生物种类。常见的单细胞真核生物有草履虫、酵母菌、变形虫、眼虫、衣藻等。

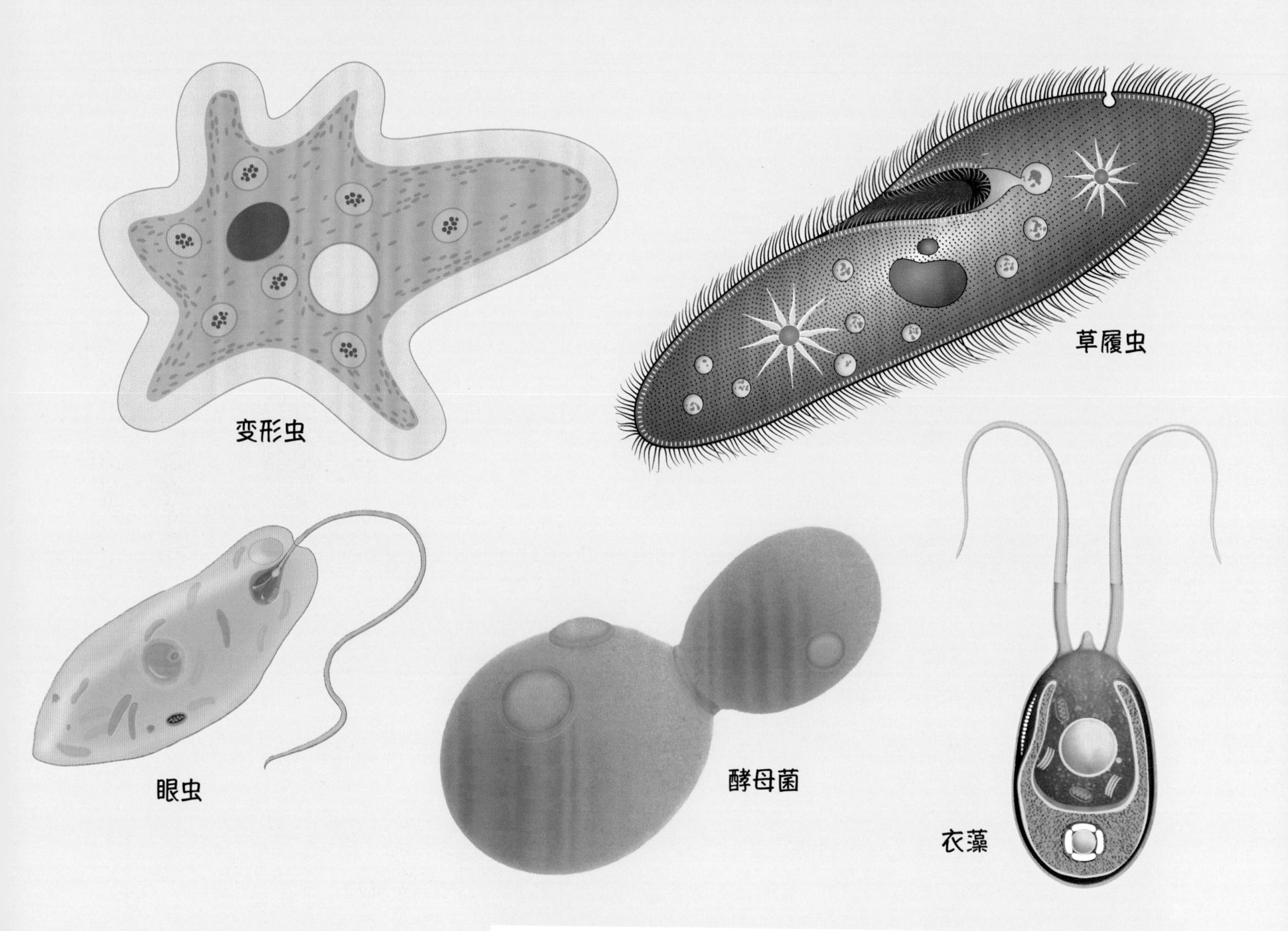

寒武纪生命大爆发

也叫“寒武纪生命大爆炸”，是指从寒武纪开始，地球上突然出现大量多细胞生物。节肢、腕足、蠕形、海绵、脊索动物等纷纷出现。

人类进化

人类的进化先后经历过南方古猿、能人、直立人、智人4个阶段。

南方古猿

南方古猿是由猿进化成人的第一个阶段，存在于三四百万年前。南方古猿脑容量小，会使用工具，能直立行走。

能人

能人脑容量比南方古猿大得多，已经能够制造简单的工具。

直立人

直立人生存在200万年到20万年前。直立人脑容量进一步增大，大脑结构也进化得更为复杂。晚期的直立人已经能够掌握语言，并且有了复杂的文化行为。

智人

智人，又称人类。早期智人能制造精巧的工具，会用火取暖，会用兽皮制作衣物。人类的文明在此时开始萌发。晚期智人出现在四五万年前至一万年前。这一阶段，形成了不同的人种。

人种

晚期智人在外形上已经进化得和现代人很相似了，并开始分化出不同的人种。按照体质特征，通常他们被分为 4 个人种：尼格罗人种、澳大利亚人种、蒙古人种、高加索人种。

尼格罗人种

主要分布在赤道附近和非洲地区，体质特征为皮肤黝黑，头发鬈曲，鼻子宽扁，嘴唇厚，胡子和体毛较少。

澳大利亚人种

主要分布在亚洲、太平洋、印度洋岛屿，他们皮肤为棕色或者巧克力色，眉弓粗壮，下颚粗大，有黑色卷发，眼睛为深棕色或者黑色。

蒙古人种

主要分布在亚洲、南美洲、北美洲、大洋洲等区域，肤色偏黄，头发为黑色且较为细直，脸扁平、鼻子扁，眼有内眦褶。

高加索人种

主要分布在欧洲、北非、西亚、中亚和南亚，体质特征为肤色白，眼窝深，鼻大而窄，嘴唇薄，头发细软且一般呈波浪状，头发和瞳孔颜色种类多，体毛重。

多彩生物圈

生物圈是地球上所有生物及其环境的总和。生物圈的范围在海平面上下10千米左右。

生物圈有各种美丽的景观，有丰富多样的动物、植物、微生物。

蓝色星球

从太空看，地球是一颗蓝色的星球，这是因为地球上海洋的表面积远远大于陆地，海水在阳光照射下呈现蓝色，所以地球看上去就是蓝色的。

地球很普通，它只是宇宙无数星球中一颗普通的行星。

地球又很特殊，它是唯一有生命存在的星球。

地球是我们唯一的家园，我们要从一点一滴的小事做起，共同爱护它。

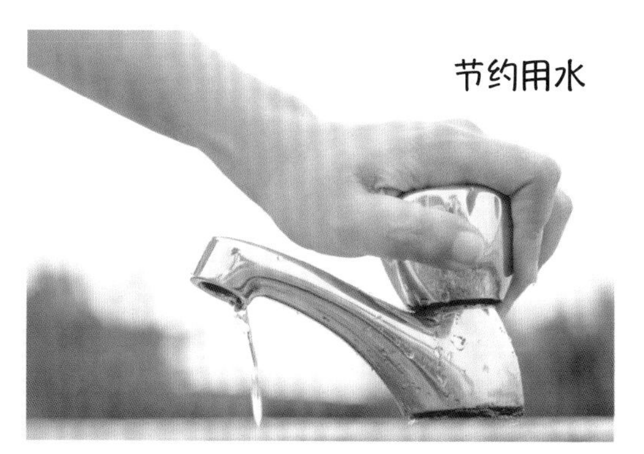

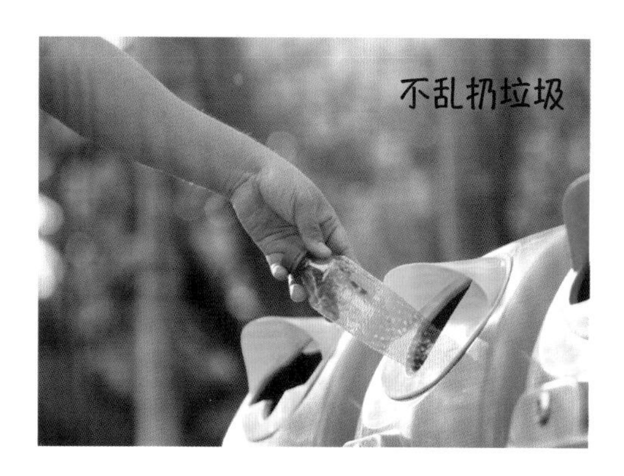

公转与自转

地球每时每刻都在运动。地球在自西向东自转的同时，也在自西向东绕太阳公转。地球绕太阳运动的轨道是椭圆形的。

昼夜的产生

地球是球形的，只能有一半被太阳照射到。地球被太阳照到的一半是白天，另一半就是黑夜。地球不停自转，昼夜就会交替出现。

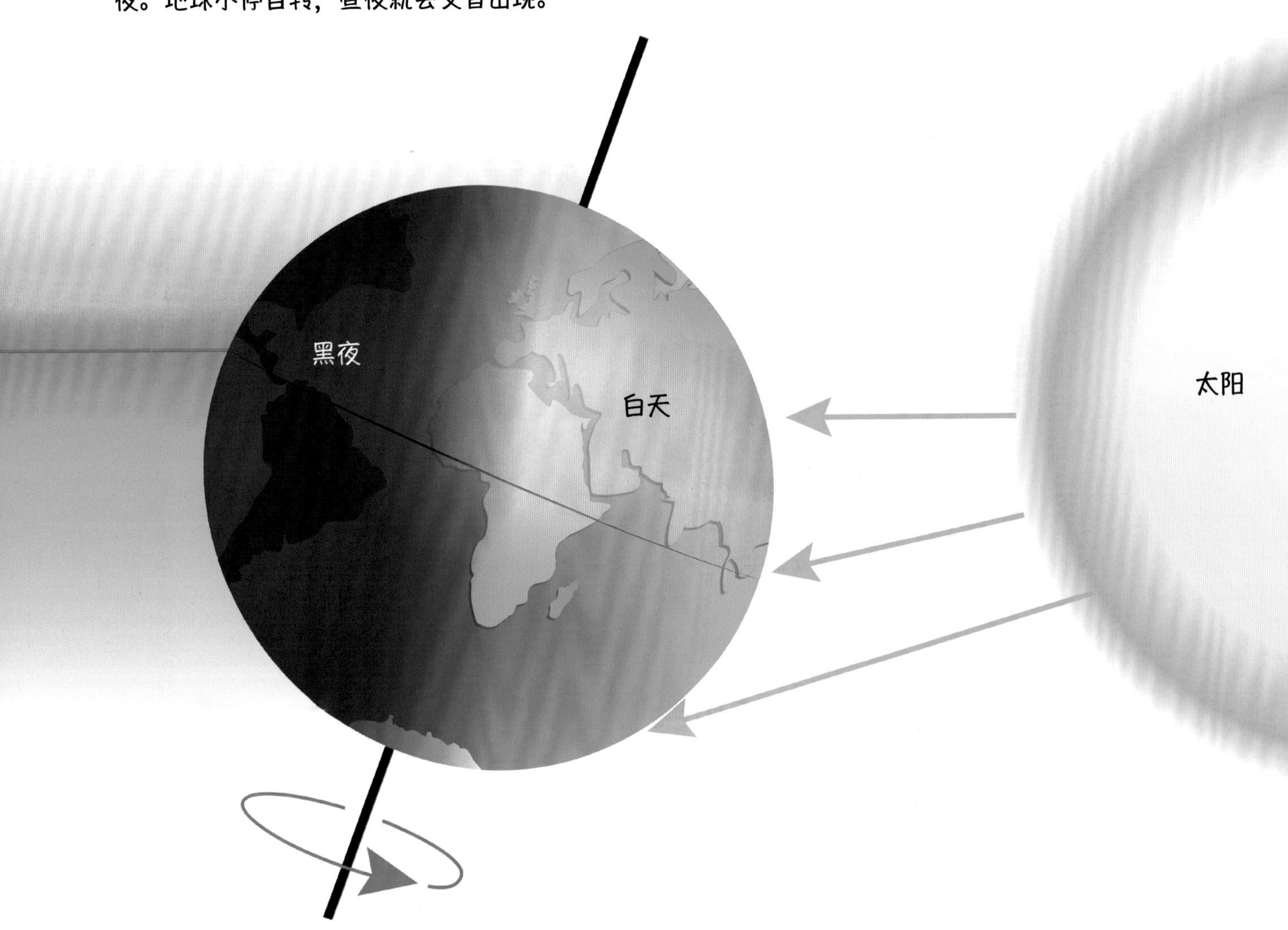

四季的成因

太阳直射点回到赤道，北半球受到光照变多，温度升高，进入春季（南半球是秋季）。

太阳直射点在南半球，北半球受到光照最少，是一年中最冷的冬季（南半球是夏季）。

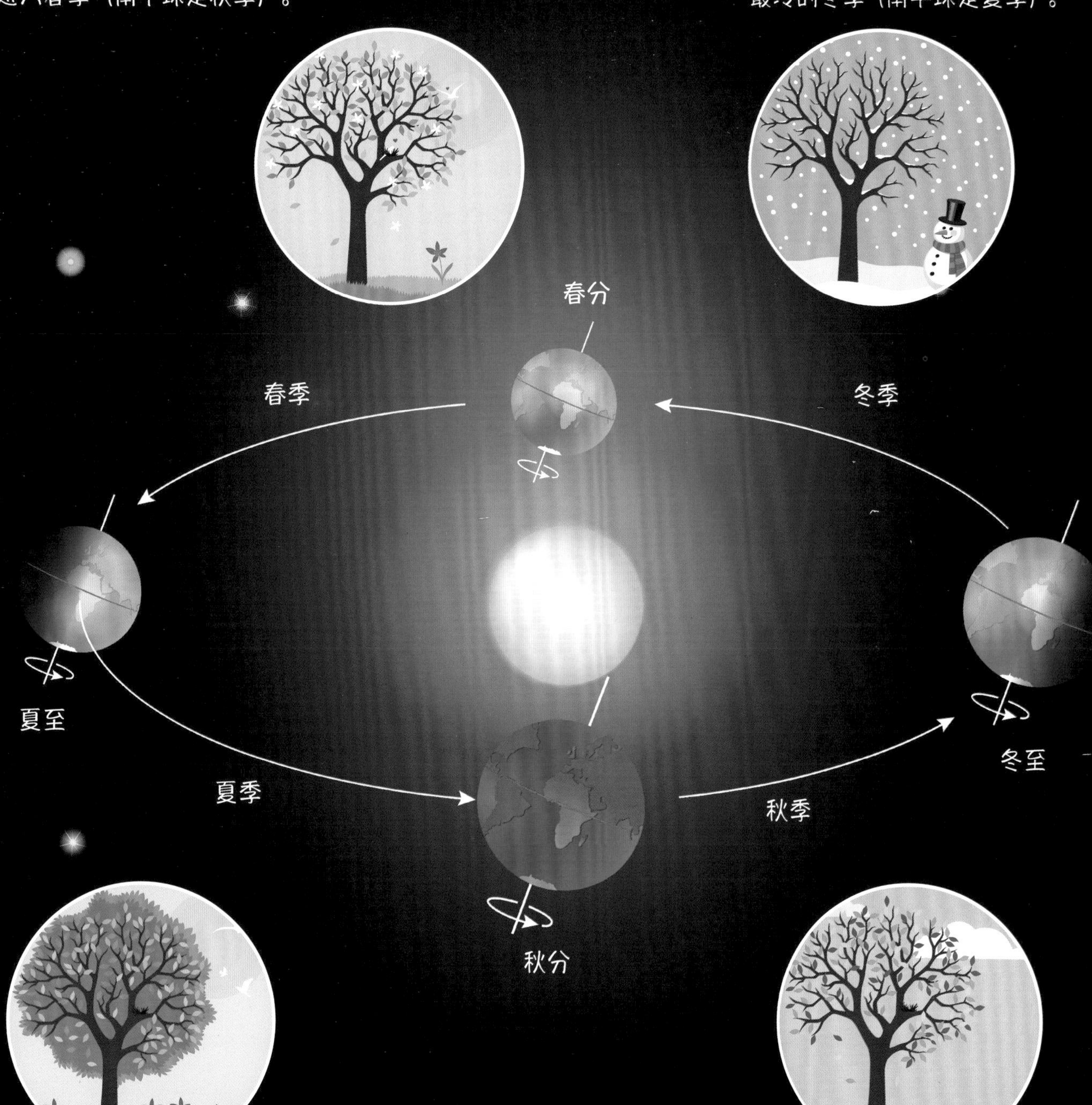

太阳直射北半球，北半球受到的光照多，温度高，北半球就是夏季（南半球是冬季）。

太阳直射点从北半球移到赤道，北半球慢慢变冷，进入秋季（南半球是春季）。

大气层

地球被一层很厚的气体包围着，这层气体构成了大气层。

大气的组成

大气的主要成分是氮气，占 78.08%，氧气占 20.95%，稀有气体氩气占 0.93%，还有少量的二氧化碳等其他气体。

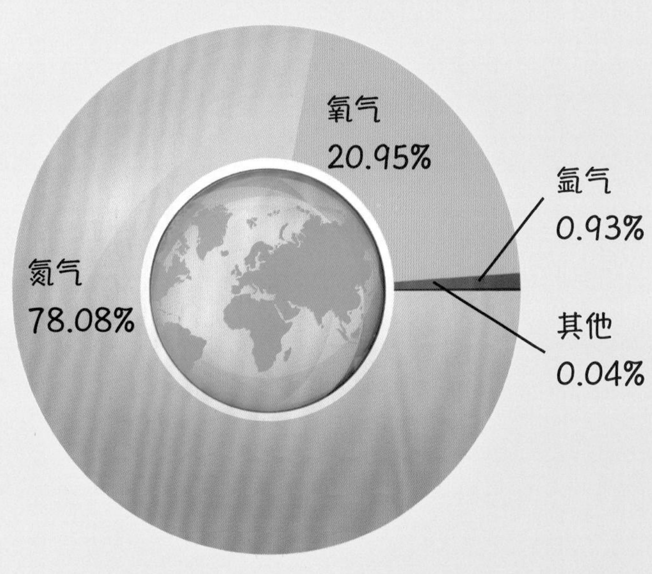

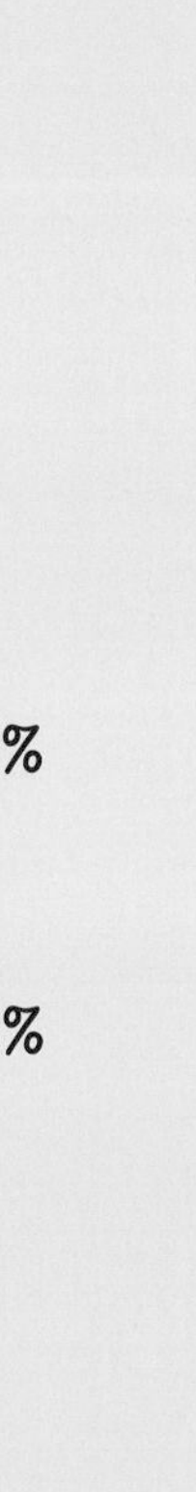

对流层

对流层紧挨地球表面，是大气层的最底层。地球上的雨、雪、雾等天气现象都在对流层发生。大气层中的水汽基本都在这一层。

平流层

平流层在对流层上面，距离地面 20 至 50 千米。因为空气流动平稳，所以称为平流层，大型客机多在平流层飞行。

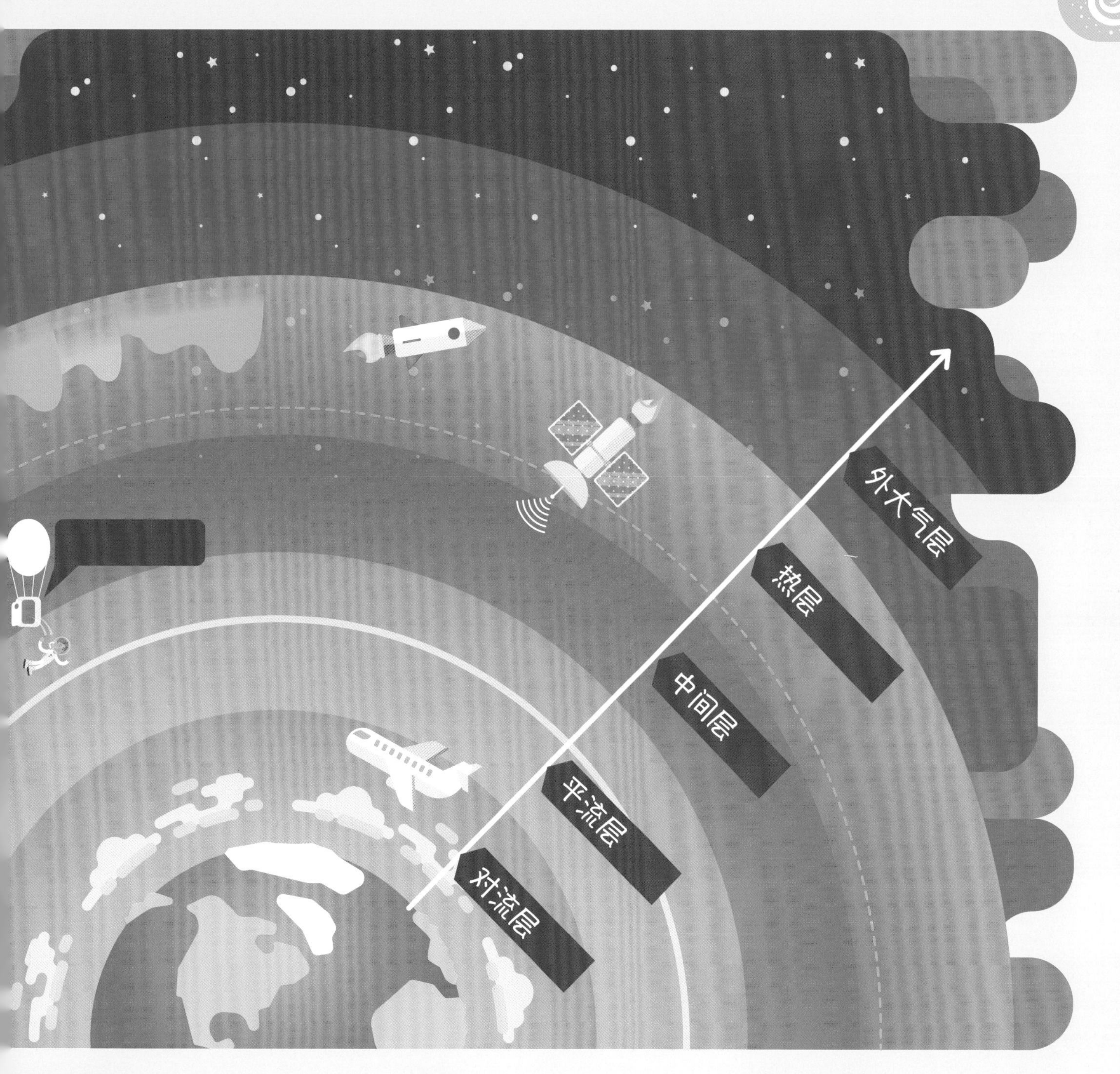

中间层

中间层在平流层上面，空气稀薄，垂直对流强。这一层中，气温随高度的增加，快速下降。

热层

热层在中间层上面，这一层的温度随高度的升高而增加。在距地面400千米左右的地方，温度达到3000～4000℃。

外大气层

外大气层也叫逃逸层，在离地面500千米至1000千米处，最高可延伸到3000千米处。这一层空气稀薄，温度很高。外大气层外面就是星际空间。

天气

天气是某个区域在短时间内离地表较近的大气层的状态及变化。

雨

空气中的水蒸气遇冷变成小水滴，小水滴聚集在一起就形成了云。云里的小水滴互相碰撞，融合成大水滴。当空气托不住大水滴的时候，大水滴就从云里降落下来，这就是雨。

霜

寒冷的早晨，植物上经常会覆盖一层冰晶，这就是霜。霜是由于低温，水汽凝结在地面及物体表面形成的。

雾

当湿度比较大时，空气中的水汽凝结成小水滴，悬浮在空气中，就形成了雾。有雾的天气，远处的景物会被雾遮挡，难以看清。

冰雹

冰雹的形成与雨雪类似，只是在温度急剧下降的情况下，水滴或冰晶结成了冰团。

雪

在零度以下，高空中的水或冰凝结成固态的小冰晶，降落下来，就是雪。

闪电

台风

龙卷风

沙尘暴

气候

气候是一种长期的、稳定的天气状态。

热带气候

热带气候的特点是全年温度高，四季不分明。由于地表特征及降水量的不同，不同区域又呈现出不同的特点。

热带雨林气候　　热带草原气候

热带沙漠气候

热带季风气候

亚热带气候

亚热带气候的特点是四季分明，冬天温暖，夏天较热，降水充沛。

亚热带季风气候　　地中海气候　　亚热带沙漠气候

温带气候

温带气候的特点是四季分明，冬冷夏热。我国大多数地区的气候都属于温带气候。

温带大陆性气候　　温带季风气候

温带海洋性气候

寒带气候

寒带气候又称极地气候，特点是四季寒冷，夏天短，冬天长，降水少。

苔原气候　　冰原气候　　高原山地气候

地球内力

地球内部能量如热能、化学能、重力能、地球旋转能的作用力，称为地球内力。

山地、高原、盆地、海沟、海岭等地形的形成，都离不开地球的内力作用。

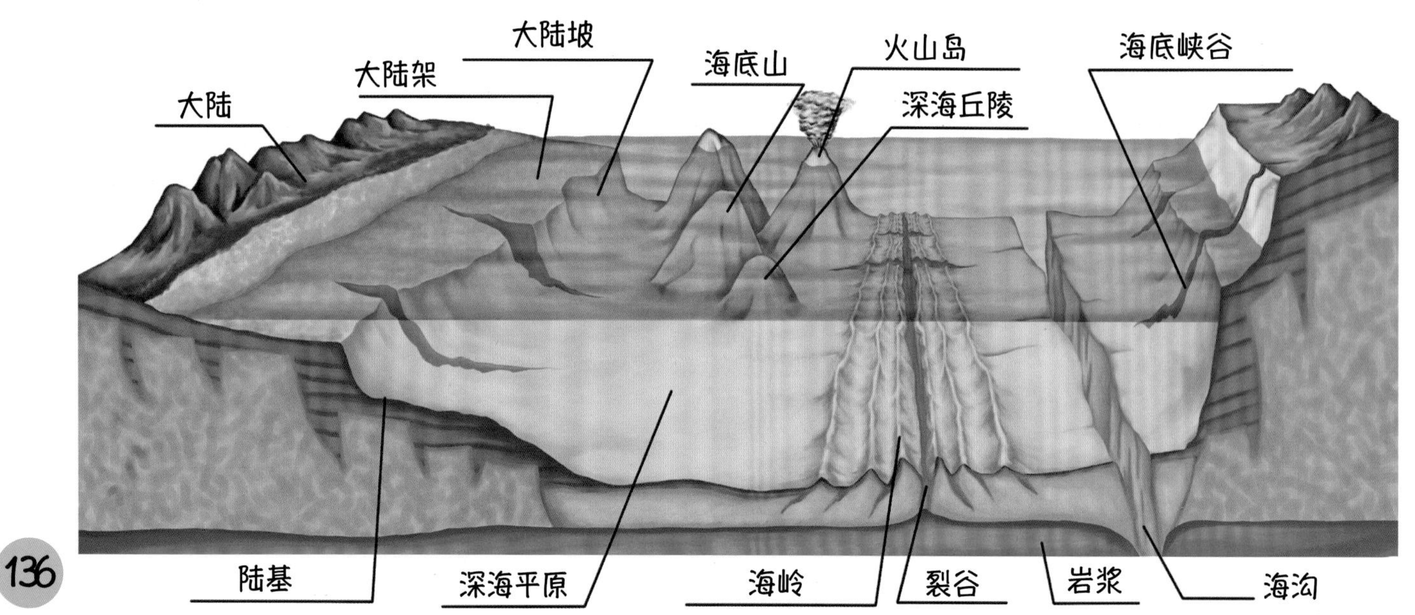

地壳运动

地壳运动，是地壳的一种活动，会引起地壳结构的改变和物质的变动。许多山脉就是通过地壳运动形成的。

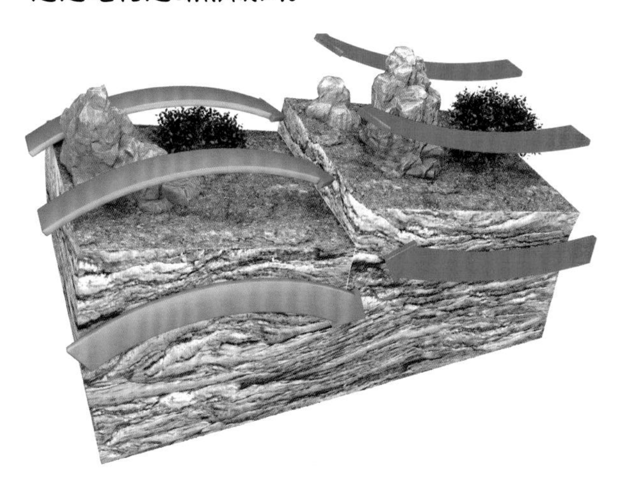

岩浆活动

岩浆活动，是一种地球内部能量的积累和释放形式。火山喷发就是一种岩浆活动。

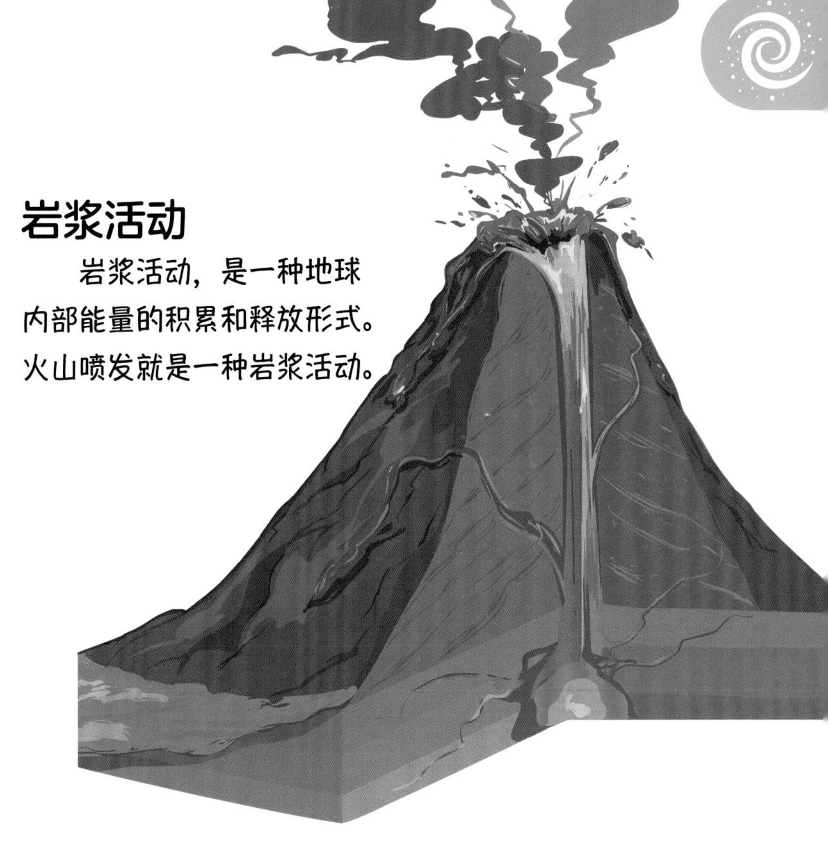

大陆漂移说

大陆漂移说认为，大陆曾是一块统一的整体，后来地球内力引起了一系列地质活动，使得大陆开始分裂，经过数百万年的变化，逐步到达了现在的位置。

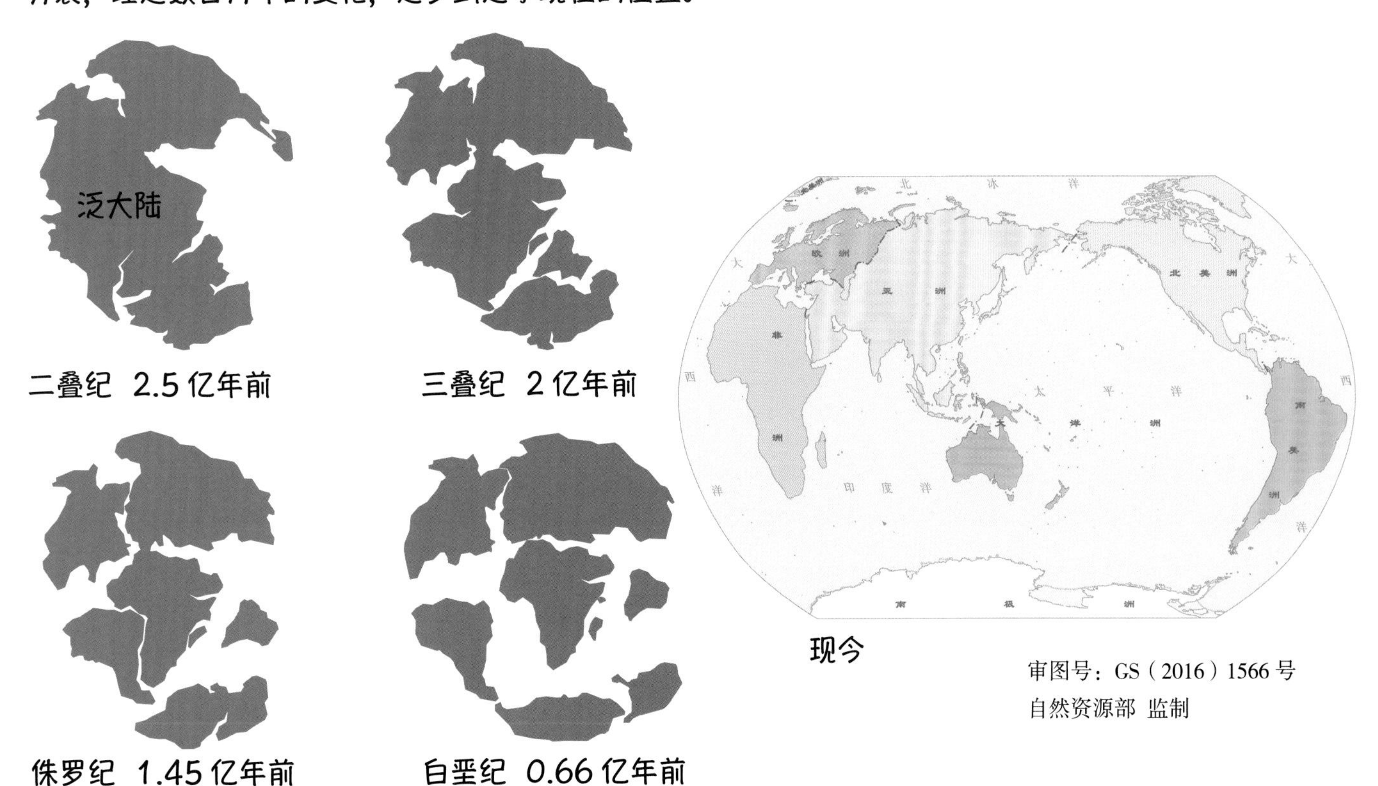

二叠纪 2.5 亿年前

三叠纪 2 亿年前

侏罗纪 1.45 亿年前

白垩纪 0.66 亿年前

现今

审图号：GS（2016）1566 号

自然资源部 监制

地震

地震是指地壳快速释放能量造成的震动。

地震的类型

最常见的是构造地震，这是由地质活动引起的。火山喷发也会引起地震，叫作火山地震。人工修建水库、爆破等活动也有可能诱发地震，称为人为地震。

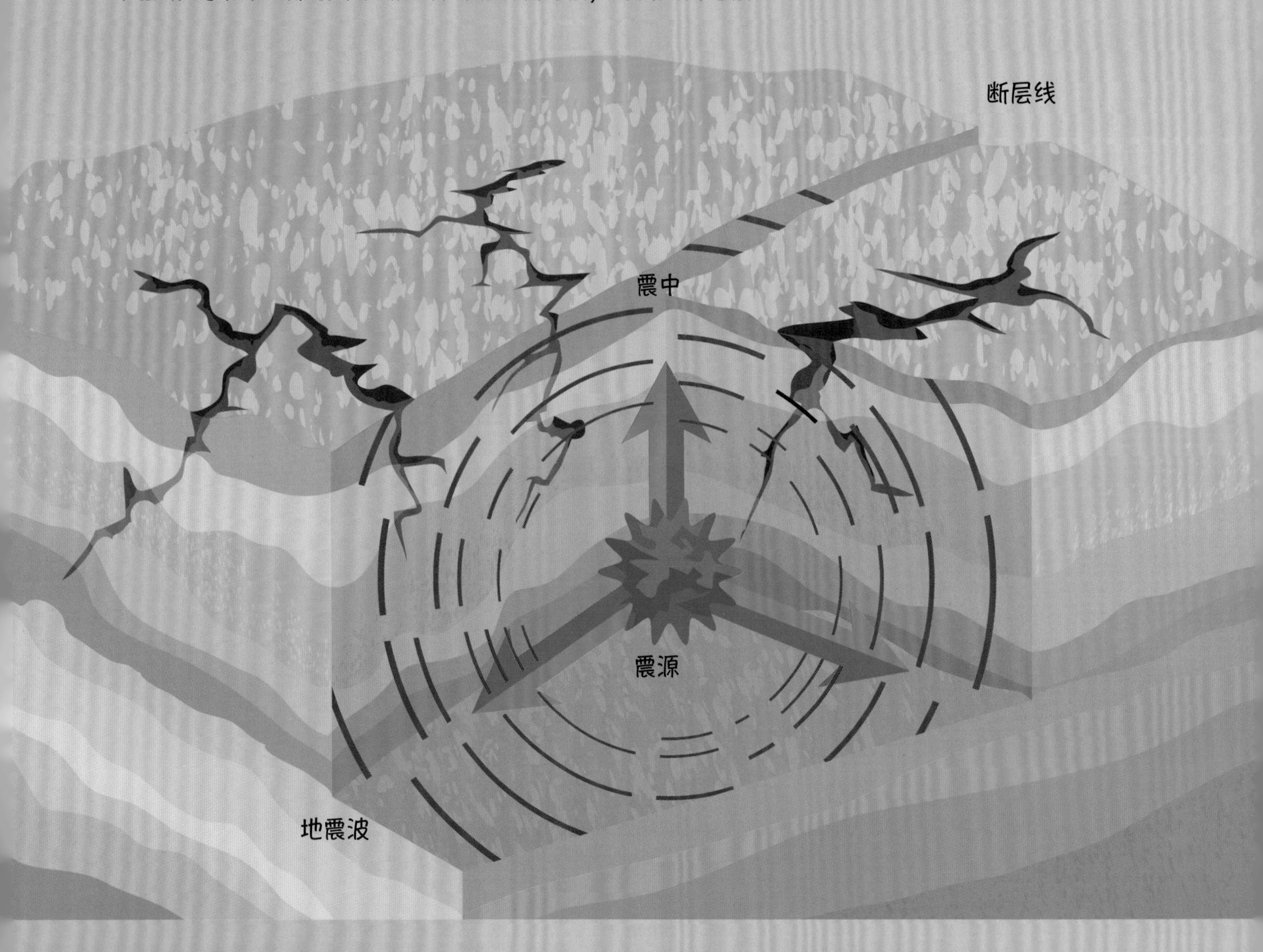

地震的危害

地震会破坏房屋以及各种建筑物，造成人员伤亡，影响人们的生活和经济的发展。地震还会引起其他自然灾害，如泥石流、海啸等。

地震预报

地震前会发生一些异常现象，如地球磁场、重力等变化，地下水位变化，动植物行为异常，天气异常等。人们综合各种现象发出地震预报。但是地震具有突发性，难以提前准确预报，所以人们应当了解地震应急措施，在地震来临时保护好自己。

地震应急措施

地震时，在屋内可躲在结实、不易倾倒、有支撑的地方，坐下或蹲下时应蜷曲身体，护住头和后颈。在屋外，尽量到远离建筑物的空旷处。震后迅速移动到安全的地方。不要点明火，不要在人群中互相推搡。

火山喷发

火山喷发也叫火山爆发，是岩浆在地球内部热能的作用下，喷出地表的自然现象。

不同形式的火山喷发图示

火山喷发有许多形式，有的是岩浆缓缓溢出来，有的是岩浆猛烈喷发出来，路径不同，剧烈程度也不同。

活火山

处于活跃状态，或周期性喷发的火山。

死火山

曾经喷发过，但丧失了活动能力，不再喷发的火山。

休眠火山

曾有喷发记录，仍有活动能力，但长时间没有喷发的火山。

富士山

富士山是位于日本的一座活火山，也是日本的最高峰。富士山上次喷发是在 1707 年，现在处于休眠状态。

锡纳朋火山

锡纳朋火山位于印度尼西亚北苏门答腊省，它休眠了 400 年，2010 年却突然喷发，现在仍很活跃。

火山喷发的弊与利

火山喷发会毁坏很多人的家园，危害人们的安全。但火山喷发也能形成许多矿产，带来各种能源，例如硫磺矿和地热能。火山灰是一种非常好的养料，可以使土壤变得肥沃。火山喷发会带来一些独特的景象，可以发展旅游业。

海啸

海啸是由海底地震、火山喷发等现象引起的具有破坏性的海浪。

海啸和地震

海啸通常由震源在 50 千米以内、6.5 级以上的海底地震引起。

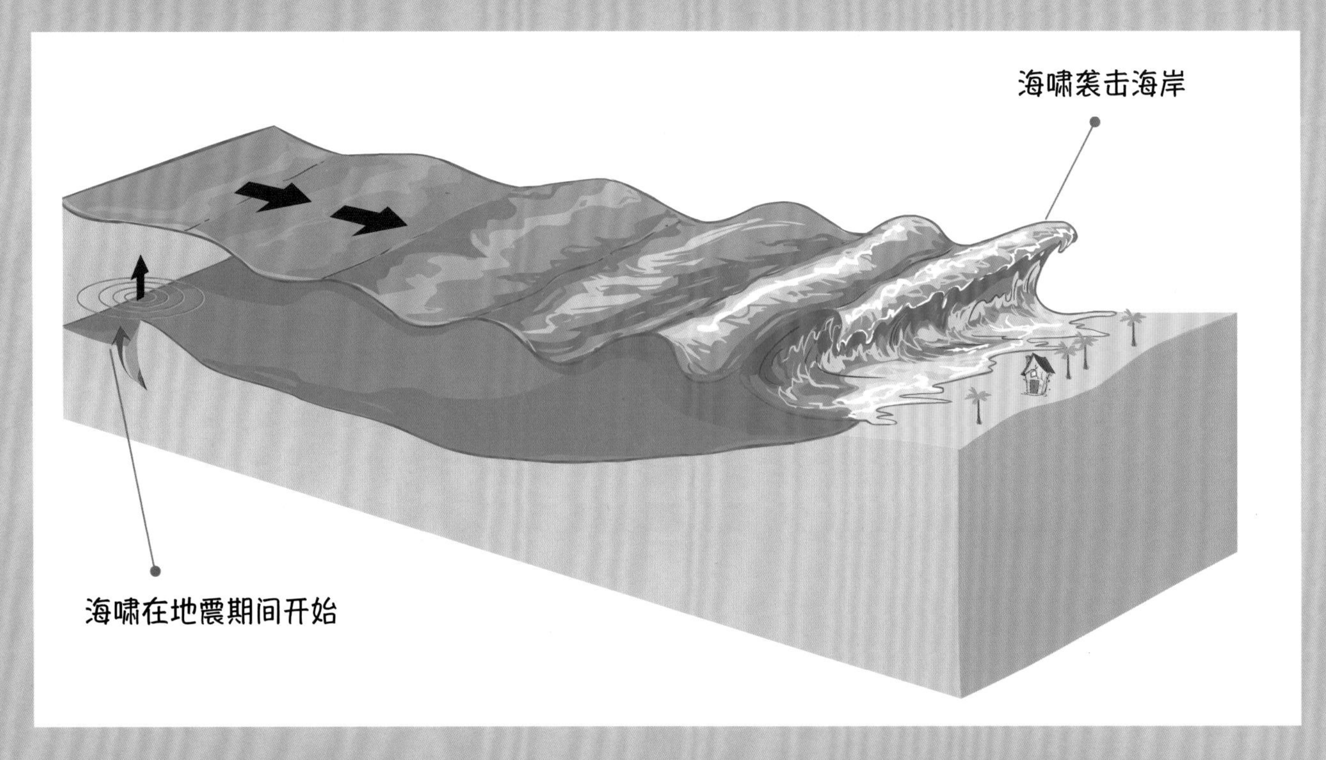

海啸预警

海啸是可以预警的。我们可以检测到地震的地震波，而海啸比地震波走得慢，因而可以提前得知海啸。例如，1960 年智利的特大地震引发的海啸，22 小时后才到达日本。

海啸危险标识

遥海啸和本地海啸

遥海啸是从很远的地方传来的海啸，可能造成距离震源几千千米外的地方受灾。本地海啸发生在震源地附近，可能几分钟之内海浪就会从震源处到达岸边。

2011 年日本海啸后的场景。

海啸预防与自救

如果听到附近地震的报告或者感觉地面震动，要做好预防海啸的准备。注意电视和新闻上的相关报道。如果在海边，发现潮汐涨落异常，应尽快离开海边，转移到内陆高处。每人准备一个放有饮用水、药品等必需品的急救包。如果不幸落水，尽量抓住木板等物品在水面漂流。尽可能接近其他落水者，便于被搜救人员发现。

日本是全球发生地震和海啸较多且受害最深的国家。

地球外力

地球外力是通过太阳辐射、日月引力、重力、风力、流水、大气和生物活动等使地球外表发生变化的力。

地球外力的表现形式，主要有风化作用、侵蚀作用、搬运作用、沉积作用和固结成岩作用几类。

风化作用

是指地表的岩石、矿物在空气、水、太阳能以及生物作用下，破裂、分解的过程。

侵蚀作用

指地表的岩石以及岩石的风化产物，在流水、冰川、波浪、风力等外力作用下，发生破坏的过程。

风蚀地貌是经过侵蚀作用形成的一种地貌。

海蚀地貌的形成主要是由于流水对地面的侵蚀。

溶洞的形成过程也跟侵蚀作用有关。

搬运作用

是指风化、侵蚀作用的产物，在流水、冰川、波浪、风等的作用下，被转移的过程。

沉积作用

是指物质在搬运作用下，因为各种外力因素使被搬运物沉积下来的过程。常见的有河流两岸以及河口的泥沙沉积。

固结成岩作用

指地壳中的岩石，经过风化作用发生变化，又通过侵蚀、搬运、沉积等作用，最后变为岩石的过程。

地形地貌

地形是地表高低起伏的态势，地貌是指地球表面的各种形态。

常见的地形有平原、高原、丘陵、盆地、山地。

平原

平原是地势平坦、起伏小的大面积的区域，主要分布在临海地区和大河两岸。平原有独立型平原和从属型平原两大类。独立型平原不包含在其他地形里，从属型平原一般包含在盆地或丘陵里。

高原

高原是海拔在 500 米以上的广阔地区。有的高原地势开阔平坦，有的高原山峦起伏多变，但顶面都很宽广。

丘陵

丘陵由绵延不断的山丘组成，相对高度在 200 米以内，绝对高度在 500 米以下。丘陵表面崎岖不平，起伏和缓。

盆地

盆地是四周高、中间低的盆形区域。盆地四周一般是高原和山脉，中部低洼处一般是平原和丘陵。

山地

山地是海拔高于 500 米，坡度陡，地势起伏大的区域。不同于单一的山或山脉，山地是指一种有很多山组成的区域。

地貌类型多种多样

向宇宙进发

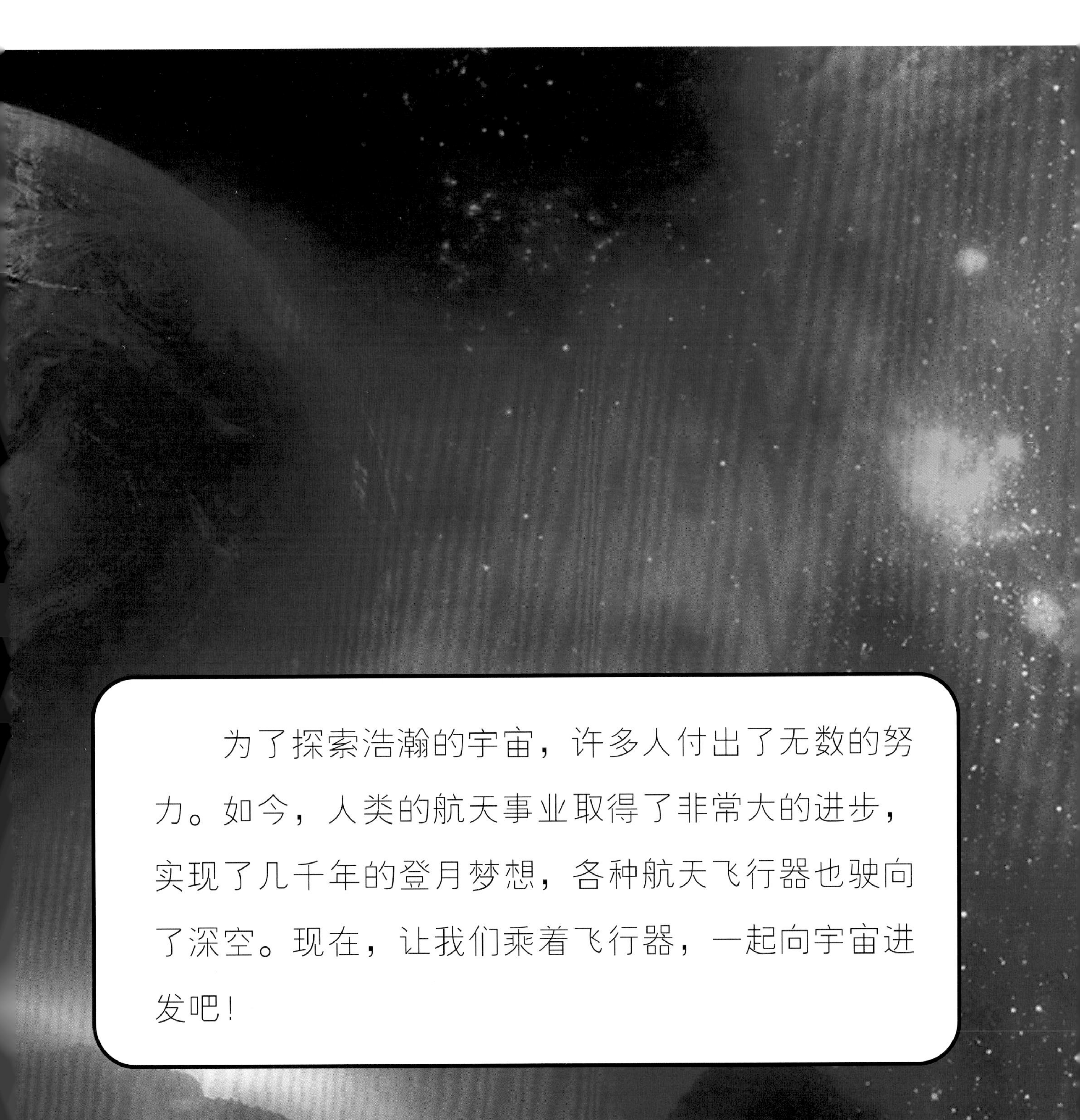

为了探索浩瀚的宇宙，许多人付出了无数的努力。如今，人类的航天事业取得了非常大的进步，实现了几千年的登月梦想，各种航天飞行器也驶向了深空。现在，让我们乘着飞行器，一起向宇宙进发吧！

火箭

火箭是一种飞行器，一般用于将卫星或飞船送入指定轨道。按照用途，火箭可以分为探空火箭和运载火箭两类。

运载火箭结构

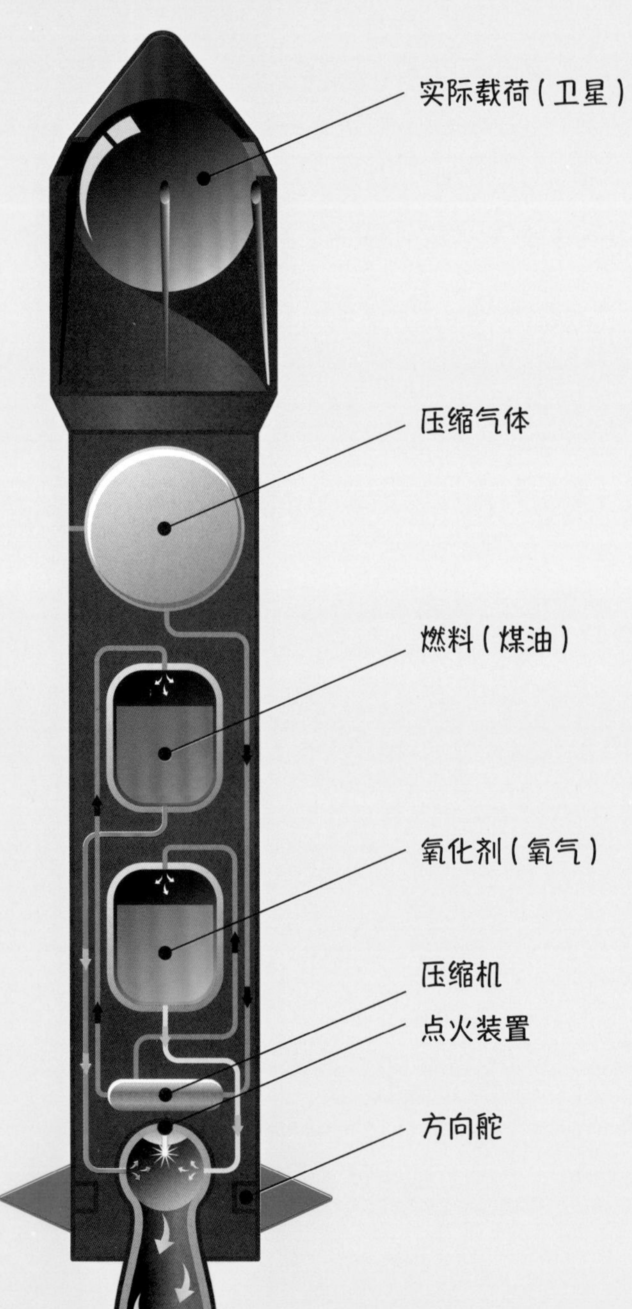

探空火箭

探空火箭用于在近太空进行各种观测与试验。探空火箭根据观测对象，可以分为地球物理火箭、气象火箭、生物火箭和技术试验火箭等。

运载火箭

具有运载功能，用于运载人造地球卫星、载人飞船、空间站、空间探测器等，将其送入轨道。

火箭的发动机

卫星发射塔

卫星发射塔是用于卫星及其运载火箭的组装、维护、加燃料、发射的装置。发射塔下有用于降温的水池，火箭发射产生的高温使池水变成水蒸气，于是我们就会看到大量“白烟”。

火箭按级数可分为单级火箭和多级火箭。多级火箭每一级的燃料用完后，会自动从火箭脱落，剩下部分继续飞行。

1973 年美国的多级火箭“土星” 5 号将“天空实验室”空间站送入轨道。

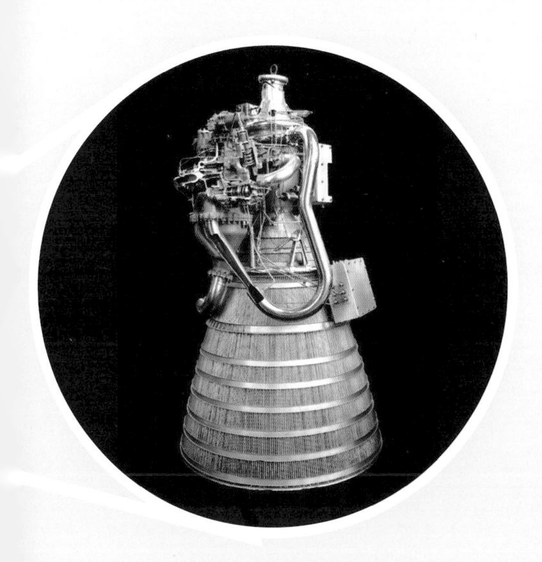

航天飞机

航天飞机又称太空梭或太空穿梭机，是一种结合了飞机和航天器性质的飞行器，它可往返于宇宙、太空和地面，可重复使用。

外部燃料箱

不能重复使用。航天飞机发射后约 8.5 分钟，外储箱的燃料耗尽，最后在大气中烧毁。

固体燃料助推火箭

一对固体燃料助推火箭，安装在外部燃料箱两侧。它们为航天飞机进入太空提供推力。航天飞机到达一定高度后，这对助推火箭就会脱落，落入大洋中。落入大洋的助推火箭，打捞起后可多次使用。

轨道器

轨道器即航天飞机本身，是用于太空飞行的部分。外形与一般的飞机很像，内部可载人。

固体燃料助推火箭与航天飞机分离。

航天飞机前段有可载人的乘员舱。乘员舱分三层，分别是驾驶台、生活舱和仪器设备舱。

1981 年 4 月 12 日，世界上第一架航天飞机“哥伦比亚”号飞上了太空。

“暴风雪”号航天飞机

苏联制造的“暴风雪”号航天飞机，完全依靠无人驾驶技术，难度系数大。若降落时遇到意外还可飞起再次降落，安全性能高。

宇宙飞船

宇宙飞船，也称载人飞船，是一种一次性使用的，向太空运送航天员和货物，并能返回地球的航天器。宇宙飞船一般可乘坐 2 到 3 名航天员，能基本保证航天员在几天至半个月内的太空生活及工作。

宇宙飞船一般有推进舱、轨道舱和返回舱三部分。

轨道舱

宇宙飞船进入轨道后，宇航员就在轨道舱生活和工作。返航时，轨道舱不返回地球，而是在轨道飞行。轨道舱失去动力后可能会成为太空垃圾。

返回舱

宇宙飞船发射和返航时，宇航员待在返回舱。返航时只有返回舱返回地球。

太阳能电池板安装在推进舱两侧。

推进舱

推进舱为飞船提供动力。在飞船返航时，推进舱便焚毁。

返回舱经过大气层，与大气摩擦，产生高温。

返回地面后的返回舱。

中国是继美国、俄罗斯之后，第三个掌握载人航天技术的国家。中国发射了“神舟”系列宇宙飞船。

“联盟”号宇宙飞船是苏联研制的第三代载人飞船。

1975 年 7 月 15 日，美国的“阿波罗”号与苏联的“联盟”号宇宙飞船在太空对接。来自两个国家的宇航员在“联盟”号舱门握手，宇航员们参观了对方的飞船，并一起进行了太空科学实验。

人造卫星

人造卫星是围绕着行星运行的无人航天器，也是发射数量最多、用途最广的航天器。

1957 年 10 月 4 日，苏联发射了第一颗人造地球卫星“斯普特尼克”1 号。它是一个金属球状物，直径 61 厘米、重 83 千克，外部有四根天线。

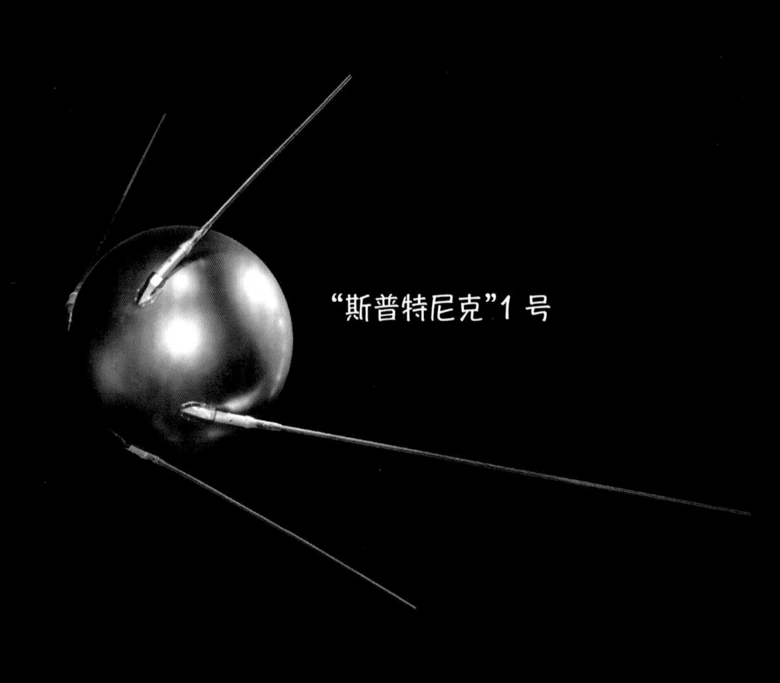

“斯普特尼克”1 号

1957 年 11 月 3 日，苏联发射了第二颗人造地球卫星，这颗卫星中搭载了一只小狗。这只名叫“莱卡”的小狗在卫星中生活了一个星期。

中国第一颗人造卫星是 1970 年 4 月 24 日发射的“东方红一号”。

卫星的用途很多，应用卫星包括通信卫星、气象卫星、导航卫星、测地卫星、侦察卫星、地球资源卫星、军用卫星等。

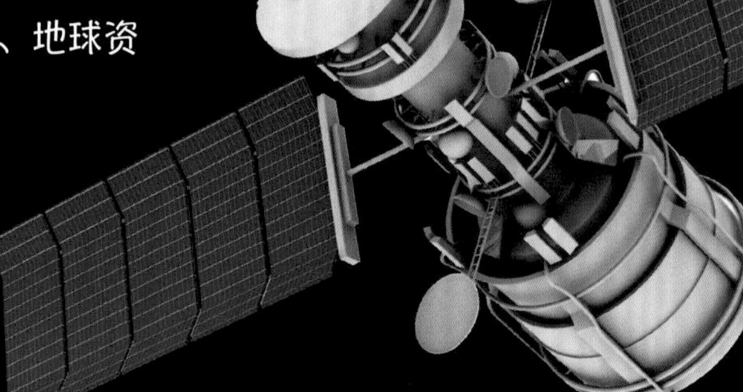

导航卫星可为用户提供定位和导航服务。中国有自主研发的北斗卫星导航系统。

气象卫星通过对大气层的观测分析，得出各种气象信息。

通信卫星是一个信息中转站，它接收来自各地的信息，并将信息发送到另一部分人手里。

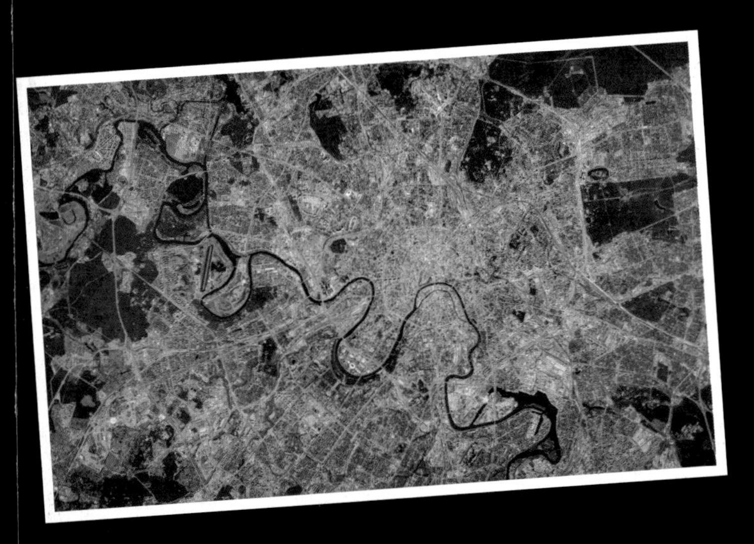

测地卫星专门用于对大地进行测量，得出准确的地面坐标以及一些地球相关参数。

侦察卫星也叫作“间谍卫星”，可用于侦测军事情报。又可根据用途和设备的不同，分为照相侦察卫星、电子侦察卫星、海洋监视卫星、预警卫星等。

发射中心

发射中心主要承担各类航天器的试验、测试、安装、发射、数据处理、信息传递、残骸回收等任务。

发射中心选址条件

低纬度地区；气候晴朗干燥，降雨少，能见度高；地形平坦开阔，地势较周围高；交通便捷；人口稀疏。

中国有四个发射中心：酒泉卫星发射中心、太原卫星发射中心、西昌卫星发射中心、文昌卫星发射中心。其中，酒泉卫星发射中心是中国最早创建，也是规模最大的综合型导弹和卫星发射中心，“长征”系列运载火箭就是在这里发射的。

肯尼迪航天中心是美国著名的航天发射基地，位于美国佛罗里达州。

库鲁航天中心，也称法属圭亚那航天中心，是法国唯一的航天发射中心。

发射台

信号站

运送火箭

深空探测器

深空探测器，也称为空间探测器或宇宙探测器，是对月球和更远的天体或空间进行探测的无人航天器。

深空探测器可以分为月球探测器、行星和行星际探测器、小天体探测器等。

“伽利略”号木星探测器

“伽利略”号木星探测器是专门用于探测木星的航天器，1989 年从“亚特兰蒂斯”号航天飞机上发射，1995 年到达环木星轨道。“伽利略”号绕木星飞行了 34 圈，于 2003 年坠毁于木星。

“卡西尼 - 惠更斯”号土星探测器

“卡西尼 - 惠更斯”号发射于 1997 年 10 月，是人类目前发射的最复杂的深空探测器。它由“卡西尼”号和“惠更斯”号两部分组成，2004 年 12 月 24 日，“卡西尼”号与“惠更斯”号分离。“卡西尼”号土星探测器的任务是绕着土星飞行，探测土星的大气、光环、磁场、卫星等。“惠更斯”号的主要任务是探测土卫六的各项数据。

“麦哲伦”号金星探测器

“麦哲伦”号金星探测器于1989年5月5日在美国肯尼迪航天中心发射。它的主要任务是探测金星的地质情况、物理特征以及内部力学特征等。

“黎明”号小行星探测器

2007年9月27日，美国研制的“黎明”号小行星探测器在肯尼迪航天中心发射。它是人类发射的第一个探测小行星带的探测器，也是第一个环绕谷神星与灶神星勘探飞行的探测器。

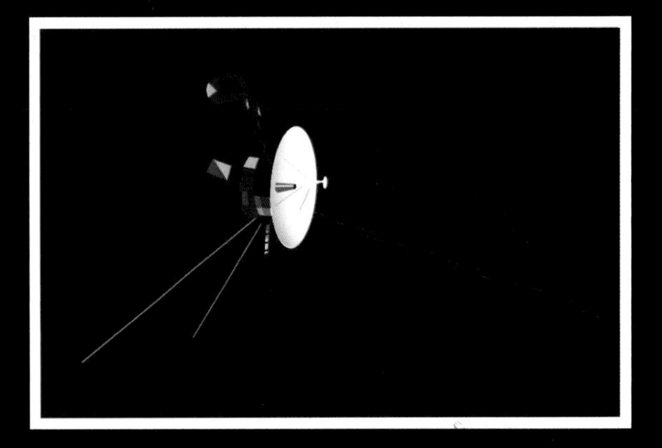

“旅行者”2号探测器

1977年8月20日，“旅行者”2号探测器在肯尼迪航天中心成功发射。它先后经过土星、天王星和海王星，并突破日球层，进入星际空间。

“帕克”太阳探测器

美国国家航空航天局于2018年8月12日发射了“帕克”太阳探测器。“帕克”太阳探测器外部有12厘米厚的碳复合保护罩，能够承受1400度的高温。它是首个进入太阳大气层的探测器，在距太阳650万千米的轨道上观测太阳外部。

空间站

空间站，也叫航天站、太空站或轨道站，是一种可以长时间在近地轨道航行，并能满足多名宇航员生活和工作的载人航天器。

“和平”号空间站

“和平”号空间站由苏联建造，是第一个人类可长期居住的空间站。1995年6月29日，“和平”号空间站与“亚特兰蒂斯”号航天飞机首次对接成功，进行了5天的联合飞行。1999年8月28日，“和平”号完成历史使命，进入无人自动飞行状态。2001年3月23日，“和平”号坠入地球大气层，碎片落入南太平洋。

空间站内，宇航员生活区域的盥洗室

国际空间站

国际空间站是由美国国家航空航天局、欧洲航天局、俄罗斯联邦航天局、加拿大国家航天局、日本宇宙航空研究开发机构和巴西航天局合作建造的，共有16个国家和地区参与。1998年11月20日，国际空间站第一个舱体升空，至2006年，国际空间站全部组装完成。国际空间站可承载6人，工作15至20年。

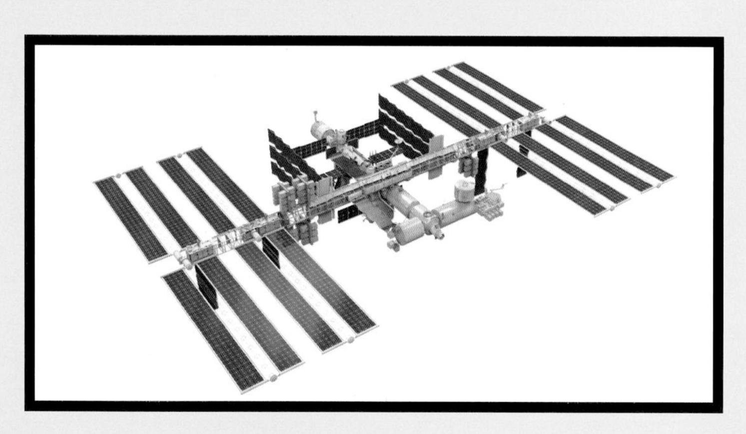

航天器与国际空间站对接

组合式空间站

将组件分批次用航天运载器送入轨道，在太空中完成组装的空间站。

单一式空间站

由运载火箭或航天飞机等运载器运载，一次发射进入轨道的空间站。

“天宫”1号

“天宫”1号是中国建造的空间站，2011年9月29日在酒泉卫星发射中心发射升空。2011年11月3日，“天宫”1号与“神舟”8号成功对接，2012年6月18日与“神舟”9号成功对接，2013年6月13日与“神舟”10号成功对接。2016年3月16日，“天宫”1号终止数据服务，2018年4月2日坠入大气层，落入南太平洋。

宇航员从空间站进入太空工作。

月球探索

人类对月球的探索从未停止，在第一个成功登陆月球的月球探测器发射之前，人们就已经积累了很多经验和教训。

失败经历

美国早在1958年8月18日就发射了月球探测器，但升空途中运载火箭发生了爆炸。此后发射的3个先锋号探测器，均以失败告终。1959年1月2日苏联发射“月球”1号探测器，以及3月3日美国发射的“先锋”4号探测器，都未命中月球。

“月球”2号模型

“月球”3号模型

成功登陆

苏联从1958年至1976年，发射了24个月球探测器。1959年9月12日，苏联发射的“月球”2号探测器，两天后成功在月球表面着陆。同年10月4日，苏联发射的“月球”3号探测器，在3天后拍摄了月球背面的照片，第一次让人类看到月球的全貌。

1970年11月10日，“月球”17号发射，它搭载着世界上第一辆自动月球车——月球车1号。月球车1号在月球表面进行了10个月的考察，拍摄了两万多张月球表面及全景照片。

月球车1号模型

1976年8月9日发射的“月球”24号探测器，从月球带回170克岩石样品。

美国发射了9个“徘徊者”号探测器，前6个都发生故障而失败，“徘徊者”7号、8号和9号为地球传来大量清晰的月球照片和电视图像。

美国又相继发射了7个勘测者探测器和5个月球轨道环行器，为载人登月选择合适地点。

月球表面的照片

“嫦娥”四号探测器

“嫦娥”四号探测器，于2018年12月8日在西昌卫星发射中心发射，2019年1月3日在月球背面着陆。“嫦娥”四号着陆当天，传回了世界上第一张近距离拍摄的月球背面照片。

“玉兔”2号

“玉兔”2号月球车与“嫦娥”4号探测器组合升空，登陆月球后与“嫦娥”4号分离，开始对月球背面进行巡视探测。

载人登月

1969 年 7 月 20 日，“阿波罗”11 号实现了历史上第一次载人登月。

“阿波罗”11 号宇宙飞船

“阿波罗”计划中的第五次载人任务，由“阿波罗”11 号宇宙飞船和 3 名宇航员完成。“阿波罗”11 号宇宙飞船有指令舱、服务舱和登月舱 3 个组成部分。“阿波罗”11 号的登月舱降落在月球表面上的静海附近，两名宇航员在月球表面活动了两个多小时。

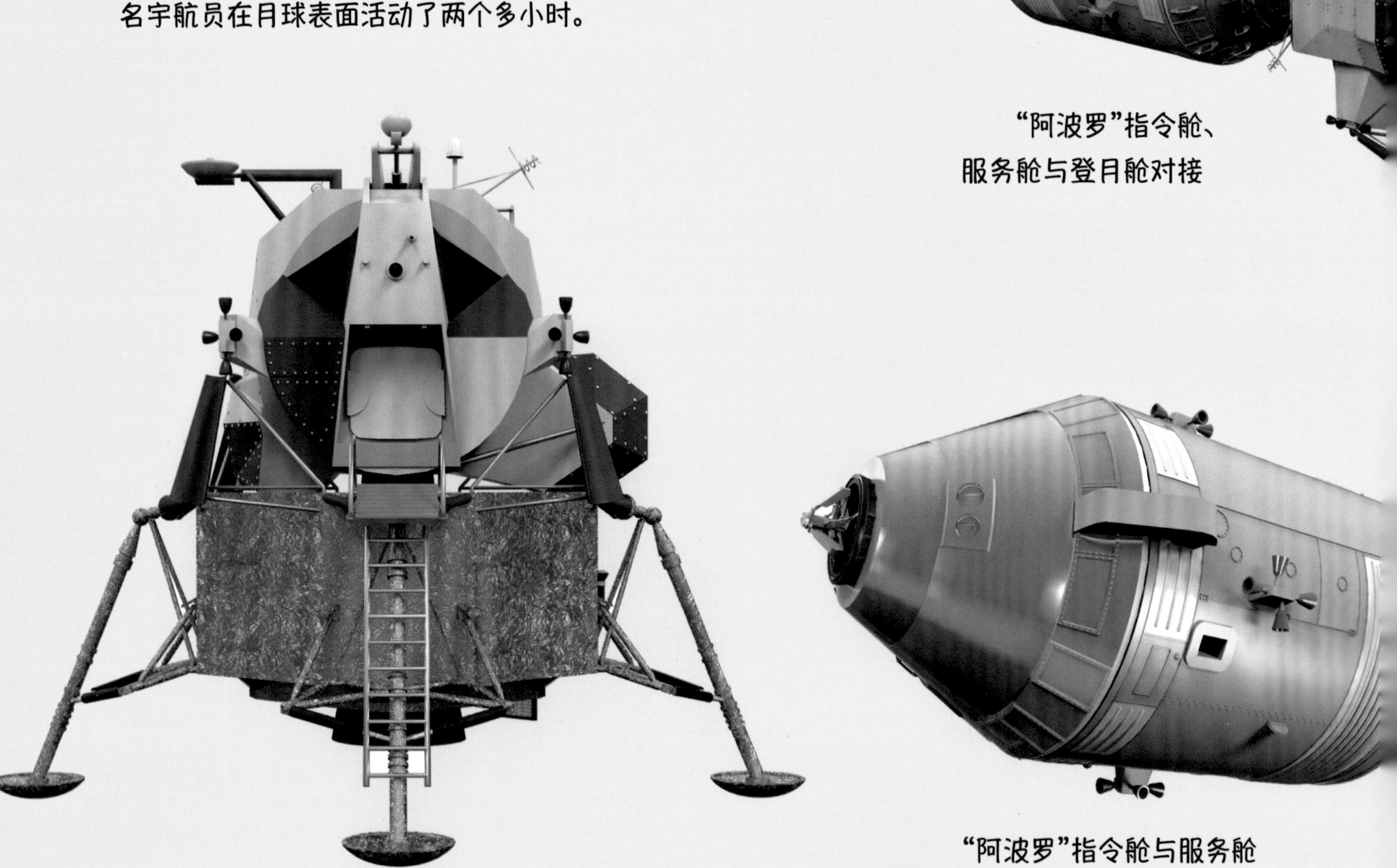

“阿波罗”指令舱、服务舱与登月舱对接

“阿波罗”指令舱与服务舱

“阿波罗”登月舱

登月过程

1969 年 7 月 16 日，“土星”5 号运载火箭搭载着“阿波罗”11 号，在肯尼迪航天中心发射升空。12 分钟后，飞船进入地球轨道。绕地球飞行一圈半后，飞船加速进入地月轨道。30 分钟后，指令服务舱与“土星”5 号分离并与登月舱连接。飞船经过月球背面时，登月舱与其他舱体分离，于 7 月 20 日下午 4 时 17 分 43 秒（休斯顿时间）登陆月球。

1969 年 7 月 20 日，美国飞行员阿姆斯特朗踏上月球，成为第一个登上月球的人类。阿姆斯特朗的搭档奥尔德林是第二个登上月球的人。

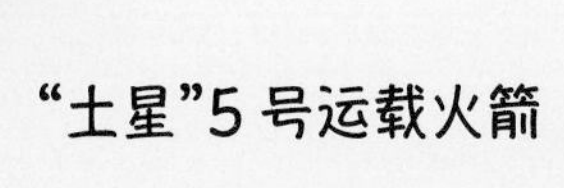

“土星”5 号运载火箭

火星探索

目前到达过火星的探测器已经超过30个，它们对火星进行了详尽的勘测。火星是除地球外，我们了解最多的行星。

失败历史

1960年10月10日，苏联发射了第一颗火星探测器，14日发射了第二颗火星探测器，但都失败了。1962年10月24日、1962年11月1日、1963年3月24日苏联发射的探测器也都没能到达火星。1964年，美国向火星发射的“水手”3号探测器，也宣告失败。

大约每隔26个月，地球与火星就会运转到比较近的位置，通常火星探测器会在这个时候发射。

“水手”4号

1964年12月28日，美国的火星探测器“水手”4号发射升空，于1965年7月14向地球发回了第一张火星表面照片。它是第一个成功到达火星并获得数据的探测器。

火星探测器飞往火星

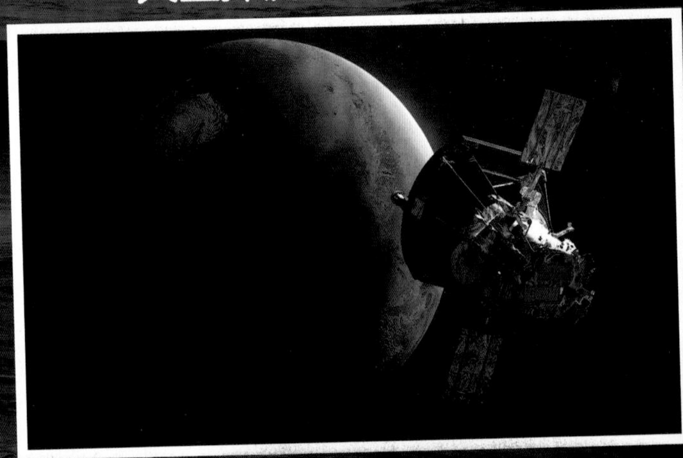

索杰纳火星车

“火星拓荒者”

1997年7月4日，“火星拓荒者”在火星着陆，它携带了人类送往火星的第一辆火星车——“索杰纳”火星车。

“火星全球探勘者”号

“火星全球探勘者”号，是1996年美国发射的火星探测卫星，它于2006年结束探测任务。

2001“火星奥德赛”号

2001“火星奥德赛”号是美国的一颗火星探测卫星，于2001年发射，任务是在火星上寻找水和火山活动的迹象。

“火星探测漫游者”

“火星探测漫游者”是美国2003年的一项火星探测计划，目的是将两辆火星车——“勇气”号和“机遇”号送往火星，对火星进行实地考察。

火星勘测轨道飞行器

火星勘测轨道飞行器于2005年8月12日发射，目的是将一颗侦察卫星送到火星，对火星进行详细考察，并为以后火星登陆寻找合适的地点。

“凤凰”号火星探测器

“凤凰”号火星探测器2007年8月从美国卡纳维拉尔角发射，北京时间5月26日在火星北极登陆，对火星北极进行考察。2008年11月，“凤凰”号与地球失去联系。

太空垃圾

太空垃圾是指在地球轨道上运行的无用的人造物体，人造卫星的碎片、飞行器残骸等都是太空垃圾。

截至2012年，地球轨道上的太空垃圾已经超过4500吨。目前，直径大于10厘米的太空垃圾有9000多个，大于1.2厘米的超过10万个，小颗粒更是多达百万。

飞行器在太空爆炸会制造大量太空垃圾。

最密集的地方

地表上方约2000千米的近地轨道是太空垃圾最密集的地方。大多数观测卫星、测地卫星、空间站等都在近地轨道运行，造成了大量的太空垃圾。

1986年，欧洲发射的“阿丽亚娜”火箭在轨道爆炸，产生了2000多块太空垃圾。

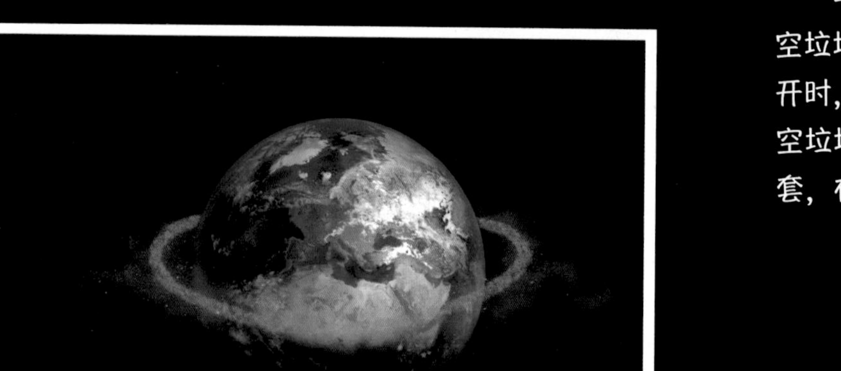

宇航员丢弃的物品也会成为太空垃圾。“礼炮”7号空间站舱门打开时，一些物品被吸入太空成为太空垃圾。美国一名宇航员丢失的手套，在太空飘了20多年。

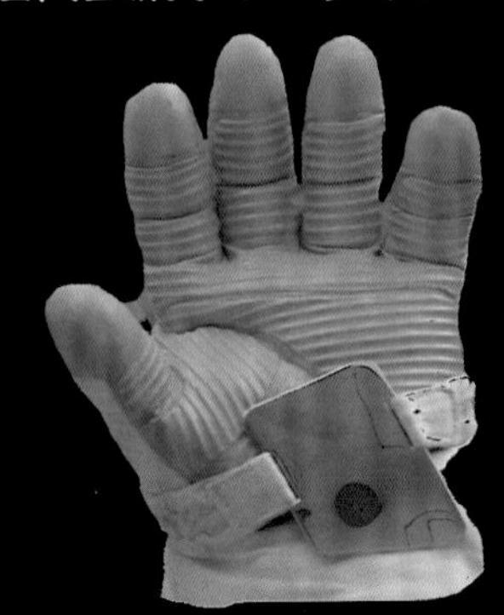

太空垃圾的危害

太空垃圾如果与运行中的航天器相撞，会危及设备运行及航天员的生命。几毫米大小的太空垃圾就会使航天器无法正常工作，一块直径10厘米的太空垃圾碰上航天器，就能将航天器摧毁。

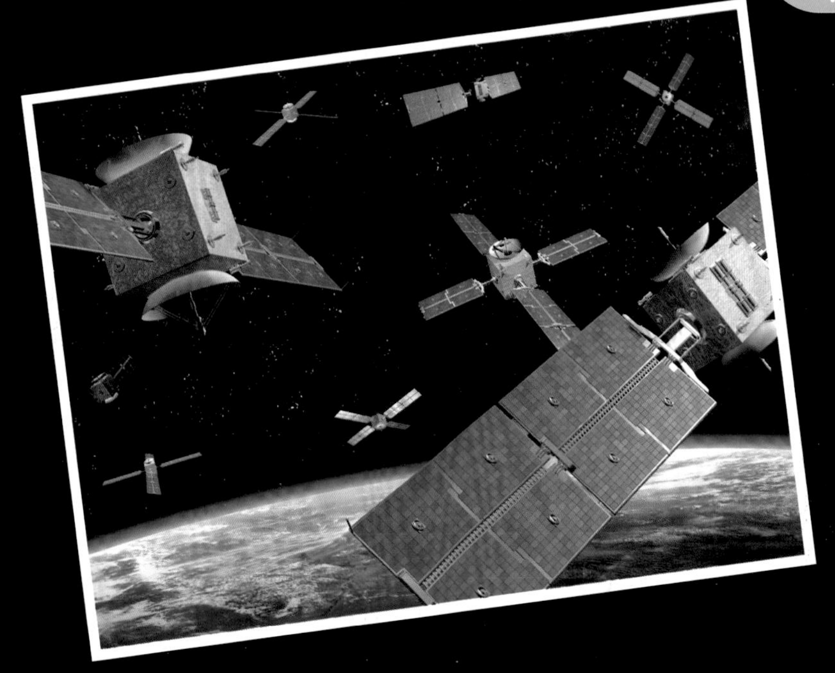

火箭和卫星在失去效用后，一些残骸会进入大气层，与大气层摩擦烧毁，但也有大量残骸留在太空。

应对措施

英国设计了一种可以将卫星带回大气层的推进器。中国建立了中国科学院空间目标与碎片观测研究中心，以监测太空垃圾，并发射"遨龙"一号空间碎片主动清理飞行器。俄罗斯在开发一款名为"扫除者"的航天器，用于带走太空垃圾。

月球上的垃圾

宇航员为了减轻航天器的负重，将一些物品留在了月球上，包括登月舱、照相机、太空靴等。

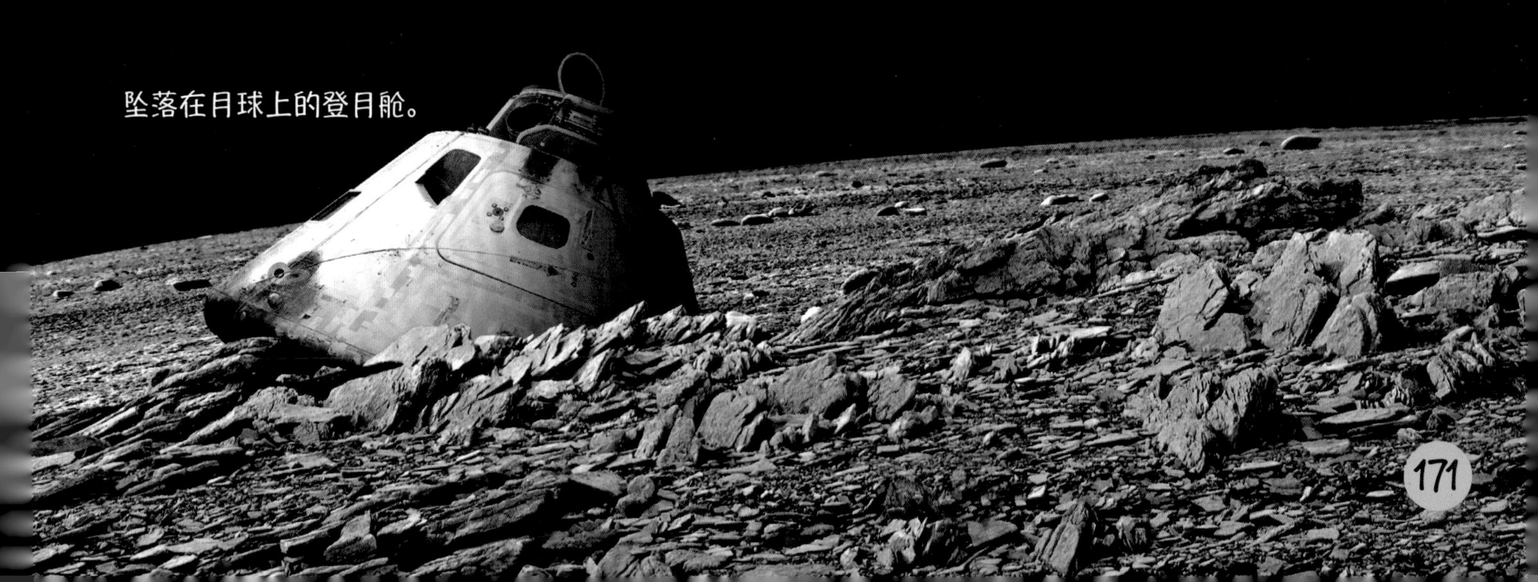

坠落在月球上的登月舱。

图书在版编目（C I P）数据

宇宙那些重要的事 / 蒋庆利主编 . -- 长春 : 吉林出版集团股份有限公司 , 2020.10（2023.3 重印）
ISBN 978-7-5581-9206-7

Ⅰ . ①宇… Ⅱ . ①蒋… Ⅲ . ①宇宙－儿童读物
Ⅳ . ① P159-49

中国版本图书馆 CIP 数据核字（2020）第 186000 号

YUZHOU NAXIE ZHONGYAO DE SHI

宇宙那些重要的事

主　　编：蒋庆利
责任编辑：朱万军　田　璐　张婷婷
封面设计：宋海峰
出　　版：吉林出版集团股份有限公司
发　　行：吉林出版集团青少年书刊发行有限公司
地　　址：吉林省长春市福祉大街 5788 号
邮政编码：130118
电　　话：0431-81629808
印　　刷：唐山玺鸣印务有限公司
版　　次：2020 年 10 月第 1 版
印　　次：2023 年 3 月第 3 次印刷
开　　本：889mm × 1194mm　1/16
印　　张：11
字　　数：138 千字
书　　号：ISBN 978-7-5581-9206-7
定　　价：128.00 元

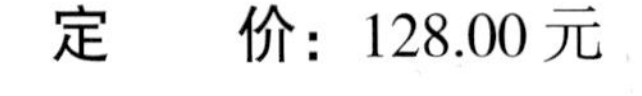

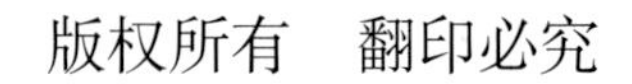